Examplary Museum Design Compilation
of Universities in New Era

新时代高校
优秀博物馆建筑图集

教育部学校规划建设发展中心　组编

新时代教育创新系列丛书

丛书主编　陈　锋

中国建筑工业出版社

图书在版编目（CIP）数据

新时代高校优秀博物馆建筑图集 / 教育部学校规划建设发展中心组编. —北京：中国建筑工业出版社，2019.9

（新时代教育创新系列丛书）

ISBN 978-7-112-24016-6

Ⅰ.①新… Ⅱ.①教… Ⅲ.①高等学校—博物馆—建筑设计—中国—图集 Ⅳ.① TU242.5-64

中国版本图书馆CIP数据核字（2019）第150867号

责任编辑：毕凤鸣 刘 江 封 毅
责任校对：姜小莲

新时代教育创新系列丛书

新时代高校优秀博物馆建筑图集

教育部学校规划建设发展中心 组编

*

中国建筑工业出版社出版、发行（北京海淀三里河路9号）

各地新华书店、建筑书店经销

北京点击世代文化传媒有限公司制版

北京富诚彩色印刷有限公司印刷

*

开本：880×1230毫米 1/16 印张：13¾ 字数：434千字

2019年9月第一版 2019年9月第一次印刷

定价：168.00元

ISBN 978-7-112-24016-6

（34516）

"新时代教育创新系列丛书"编委会

主　编：陈　锋
副主编：邬国强　陈建荣
编　委：（按姓氏笔画排序）
　　　　王　晴　王丽萍　王真龙　刘志敏　关　欣　杨　捷　张　智
　　　　张振笋　张海昕　郑德林　耿　育　郭　军　葛佑勇

《新时代高校优秀博物馆建筑图集》

顾　　问

何镜堂（中国工程院院士、华南理工大学建筑设计研究院有限公司董事长）

吴志强（中国工程院院士、同济大学副校长）

单霁翔（故宫博物院原院长、故宫博物院故宫学院院长）

孙光初（中国勘察设计协会高等院校勘察设计分会秘书长）

庄惟敏（全国工程勘察设计大师、清华大学建筑设计研究院有限公司院长）

梅洪元（全国工程勘察设计大师、哈尔滨工业大学建筑设计研究院院长）

丁洁民（全国工程勘察设计大师、同济大学建筑设计研究院（集团）有限公司总工程师）

王　健（同济大学建筑设计研究院（集团）有限公司总裁）

袁大昌（天津大学建筑设计规划研究总院院长）

董丹申（浙江大学建筑设计研究院有限公司董事长）

葛爱荣（东南大学建筑设计研究院有限公司院长）

编　委　会

主　　　任：陈　锋
常务副主任：邬国强

副　主　任：（按姓氏笔画排序）
王真龙　刘玉龙　江立敏　杨　毅　郭卫宏　谢小凡

编　　委：（按姓氏笔画排序）
牛洁梅　卢　颖　吉欣豪　刘　灵　刘　锋　李　一　李　睿　李秉阳　何　奇　汪　旸　张平礼
胡璎琦　保其长　祝成业　秦夷飞　黄献明　鹿景良　盖世杰　景　慧

丛书总序

党的十九大报告明确提出，到 2035 年基本实现社会主义现代化，到本世纪中叶把我国建成富强民主文明和谐美丽的社会主义现代化强国；建设教育强国是中华民族伟大复兴的基础工程，必须把教育事业放在优先位置，深化教育改革，加快教育现代化，办好人民满意的教育。这明确了新时代教育事业改革发展的总体方向，教育要承担起新的历史重任。

习近平总书记在全国教育大会上指出："新时代新形势，改革开放和社会主义现代化建设、促进人的全面发展和社会全面进步对教育和学习提出了新的更高的要求。"从现在开始到 2050 年的 30 多年时间里，将有 6 亿多学生进入国民教育体系，他们是到 2035 年和 2050 年实现国家现代化的生力军和主力军。教育工作者必须面向未来，思考未来。当前，随着中国特色社会主义进入新时代，我国经济由高速增长阶段转向高质量发展阶段，落实创新驱动发展战略，提高国家综合竞争力，需要加快培养创新人才；人民对美好生活的期盼要求教育不断提高质量、优化结构、促进公平，进行结构性改革；新兴产业的蓬勃发展与传统产业的深刻重塑对未来人才培养结构和人的知识技能结构也提出新的要求；科学技术革命，特别是人工智能、大数据、云计算、区块链等新技术正在不断改变人类社会生活，正在对学校形态和教学方式产生重大冲击；"一带一路"倡议的全面推进和人类命运共同体思想获得更广泛的认可，全球化格局的深刻变化，同样对教育提出了一系列新任务、新挑战。

创新是民族进步的灵魂，是国家兴旺发达的不竭动力，我们必须跟上国家战略的需求和时代发展的步伐，以未来为导向，认真思考教育面临的重大问题，不断推动教育创新发展。教育部学校规划建设发展中心自成立之初，就同相关学校、地方政府、行业组织、科研院所、专业化服务机构、新闻媒体和国际组织等广泛合作，汇聚来自理论研究、行政管理、产业发展、一线工作领域的专家学者，聚焦教育改革创新发展和人的全面发展等重大教育问题，开展了多层次、多领域、多方面的理论研究和实践探索，推动实施"建设绿色、智慧和面向未来的新校园"、"智慧学习工场"和"未来学校研究与实验计划"，致力于将教育部学校规划建设发展中心打造成教育创新要素聚集的平台和全球教育变革影响力的中心。在这一过程中，我们形成了一些阶段性研究和实践的成果，现遴选其中部分内容形成了这套"新时代教育创新系列丛书"，供各级政府、教育战线的同志和研究人员参考。由于时间仓促、水平有限，本丛书难免存在不足之处，敬请各位读者批评指正。

在新中国成立 70 周年之际，谨以本系列丛书向祖国七十华诞献礼，希望对祖国的教育事业做出贡献。

陈锋

2019 年 8 月

序
PREFACE

我们当前所处的时代,从某种意义来说,是一个展示的时代。在这个展示的大时代里,国家需要通过展示树立形象、展现自信,民族需要通过展示建立联系、凝聚共识,公众需要通过展示开阔视野、获得启迪,而博物馆,则是一切展示活动和行为发生的重要载体和空间容器。

从世界范围来看,现代意义的博物馆出现在 17 世纪后期的欧洲,而第一座高校博物馆相应产生在英国牛津大学,1683 年建成,至今已经成功延续了 336 年,成为牛津大学及其所在地区的重要象征,在取得与大学学术地位相匹配的显著地位的同时,吸引了全球范围社会公众的关注和体验。相对而言,中国的第一个高校博物馆出现的时间较晚,由清朝状元实业家张謇在 1905 年为南通师范学校所创建——南通博物苑,藏品分为天产、历史、美术、教育等四类,建设初衷在于为学生提供教学实习机会、培养务实创新精神。值得一提的是,在办馆之初,南通博物苑同时对外开放,因此,也被视为中国的第一座公共博物馆,成为中国近代博物馆事业的开端,中国的博物馆建设也从此和大学教育事业的发展结下了不解之缘。

在当今的中国,对于大学而言,博物馆或许还是一个奢侈品。由教育部主编,住房和城乡建设部、国家发展和改革委员会联合发布的《普通高等学校建筑面积指标》(建标 191-2018)中,列出的普通高等学校基本办学条件包括教室、实验实习用房、图书馆、室内体育用房、校行政办公用房、院系及教师办公用房、师生活动用房、会堂、学生宿舍(公寓)、食堂、单身教师宿舍(公寓)和后勤及附属用房等十二项,博物馆并未列入其中。新中国成立后,这一指标体系虽数易其稿,但博物馆这一建筑类型从未成为中国高校的必需品,部分高校出于学科建设或藏品保存需要,多将博物馆归入实验实习用房之列用于立项申报及资产统计,其地位多少有些尴尬。

近年来,伴随中国世界一流大学创建进程的不断深化,越来越多的高校开始意识到博物馆对于高校在学科建设、文化传承、校城融合和国际交往方面的重要意义,并将其视为有效提升高校软实力,深度参与国际竞合的重要支撑设施。正是在这一背景下,21 世纪以来,中国高校逐渐迎来了博物馆建设的春天,北京大学、清华大学、浙江大学、南京大学、上海交通大学、复旦大学、同济大学、武汉大学、陕西师范大学等高校陆续完成或正在进行博物馆的规划和建设,馆藏内容全面覆盖科学、艺术和人文等多个领域,集教学、科研和社会服务功能于一身,在推动科技创新、捕捉全球议题、跟踪时代前沿等方面作用显著,不仅在推动高校事业发展上发挥了积极作用,也成为城市文化设施的重要组成部分。今天,拥有高质量的高校博物馆已经成为世界一流大学的重要标志。

2018 年 11 月 3 日下午 1 点 53 分,开馆仅两年的清华大学艺术博物馆,即迎来了第 100 万名观众的到访,这一盛况是所有博物馆策划者、创建者、运营者和使用者都始料未及的。中国高校博物馆,正在我们的城市生活和校园生活中散发和映射着无穷魅力,成为象牙塔和外部世界之间一道优雅而又和美的界面,重构着我们城市景观和精神家园,创造着一个又一个的意外和惊喜。改变,正在这里悄然发生。

《新时代高校优秀博物馆建筑图集》一书对近年来中国高校规划、建设的一批优秀博物馆进行了收集和整理,对每一个博物馆背后的设计构思、规划理念和技术创新进行了精心的阐释,希望能够对我国当前高校博物馆的规划、建设提供有益的参考和借鉴,让关心中国博物馆事业发展的人们能够一览中国高校博物馆规划建设的风风雨雨和万千气象,取百家之长,成千秋之功。

故宫博物馆原院长
故宫博物馆故宫学院院长

2019 年 8 月

目录 | CONTENTS

南京大学仙林国际化校区博物馆 /069
XIANLIN INTERNATIONAL CAMPUS MUSEUM OF
NANJING UNIVERSITY

南京大学建筑规划设计研究院有限公司

东南大学吴健雄纪念馆 /075
CHIEN-SHIUNG WU MEMORIAL HALL

东南大学建筑设计研究院有限公司

中国矿业大学南湖校区科技博物馆 /082
TECHNOLOGY MUSEUM OF CHINA UNIVERSITY OF
MINING AND TECHNOLOGY (NANHU CAMPUS)

华南理工大学建筑设计研究院有限公司

苏州大学本部博物馆改扩建工程 /090
ARCHITECTURAL RENEWAL DESIGN FOR SOOCHOW
UNIVERSITY MUSEUM

同济大学建筑设计研究院（集团）有限公司

浙江大学艺术与考古博物馆 /098
ZHEJIANG UNIVERSITY MUSEUM OF ART &
ARCHAEOLOGY

格鲁克曼·唐建筑事务所
浙江大学建筑设计研究院有限公司

中国国际设计博物馆 /104
CHINA DESIGN MUSEUM
葡萄牙 CC&CB,Arquitectos
中国美术学院风景建筑设计研究院总院有限公司

中国美术学院民艺博物馆 /109
CRAFTS MUSEUM OF CHINA ACADEMY OF ART
隈研吾建筑都市设计事务所
中国美术学院风景建筑设计研究院总院有限公司

杭州师范大学仓前校区弘丰中心 /115
HONGFENG RESEARCH INSTITUTE OF HANGZHOU NORMAL UNIVERSITY（CANG QIAN CAMPUS）
浙江大学建筑设计研究院有限公司

安徽大学艺术与传媒学院美术馆 /120
ART MUSEUM OF ARTS AND COMMUNICATIONS COLLEGE OF ANHUI UNIVERSITY
同济大学建筑设计研究院（集团）有限公司

山东大学青岛校区博物馆 /127
MUSEUM OF SHANDONG UNIVERSITY (QINGDAO CAMPUS)
山东建大建筑规划设计研究院

黑龙江大学文博馆 /135
MUSEOLOGY MUSEUM OF HEILONGJIANG UNIVERSITY

哈尔滨工业大学建筑设计研究院

沈阳师范大学辽宁古生物博物馆 /142
PALEONTOLOGICAL MUSEUM OF LIAONING,
SHENYANG NORMAL UNIVERSITY

李祖原联合建筑师事务所
辽宁省建筑设计研究院

武汉大学万林博物馆 /147
WANLIN ART MUSEUM OF WUHAN UNIVERSITY

朱锫建筑设计事务所
北京城建设计发展集团股份有限公司

中国地质大学逸夫博物馆 /153
YIFU MUSEUM OF CHINA UNIVERSITY OF
GEOSCIENCES

中南建筑设计院股份有限公司

中南大学中国村落文化博物馆（新校区学生素质教育中心 B 座）/161
CHINA VILLAGE CULTURE MUSEUM OF CENTRAL
SOUTH UNIVERSITY

切点建筑设计咨询（北京）有限公司
湖南大学设计研究院有限公司

清华大学艺术博物馆

TSINGHUA UNIVERSITY ART MUSEUM

马里奥·博塔建筑师事务所
中国建筑科学研究院有限公司

项目概况

项目名称：清华大学艺术博物馆
建设地点：北京清华大学校内光华路
设计 / 建成：2003 年 / 2016 年
用地面积：15 900m²
占地面积：7 500m²
建筑面积：30 000m²
        地上 21 000m²，地下 9 000m²
建筑层数：地上 4 层，地下 1 层
绿地率：30%
项目投资方：清华大学
设计单位：马里奥·博塔建筑师事务所
合作单位：中国建筑科学研究院有限公司
主创建筑师：马里奥·博塔
合作建筑师：薛明
结构形式：框架 + 剪力墙

项目简介

　　清华大学（Tsinghua University）是中国著名高等学府，坐落于北京西北郊风景秀丽的清华园，是中国高层次人才培养和科学技术研究的重要基地。本项目位于清华大学内重要区域，西侧紧邻主教学楼，成为校园景观轴东侧延伸线重要组成部分。博物馆的出现打破了校园东区传统刻板的建筑形象，赋予校园崭新的艺术气质，在建设规模、硬件设施、设计标准、馆藏艺术、社会影响力等方面，都已成为具备国际一流水准的高校博物馆建筑，成为清华大学一张崭新的名片。

■ 西南透视

■ 东南透视

■ 区位图

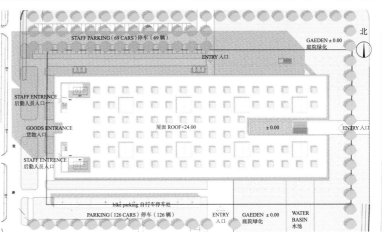

■ 总平面图

■ 主入口立面

项目亮点

设计理念

　　清华大学艺术博物馆作为清华大学的重要建筑，是未来清华大学重要校园形象的载体和公共空间中重要的活动场所。本项目的用地在校园中处于东西向主轴线主教学楼的东侧，成为校园景观轴的重要组成部分及东侧延伸线。设计中沿承了清华大学总体规划，建筑创意独特，建筑外形精致简洁，立面风格现代，内部空间处理变化丰富，与校园环境充分交融，充分体现现代化的博物馆空间和开放的建筑设计理念。

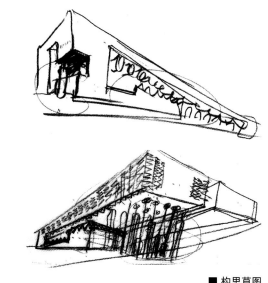

■ 构思草图

■ 方案模型

■ 方案模型

功能特色

立面造型：建筑外立面采用红色石材，外墙的保温通风构造在满足热工性能需要的同时，体现了建筑师简洁明确、有力而内向的建筑风格。通透的大面积玻璃幕墙全部由建筑外轮廓后退形成灰空间，模糊建筑边界，释放出开放的公共区域，增添了人文关怀，且避免了日光的直接进入。广场设有现代感的平面水池，水池倒影博物馆厚重的体量，构成室内外空间环境的交流沟通。

环境景观规划：充分利用了现有场地及周边环境，在门廊和公共通路处的室外铺地采用天然石材，设计包括室外景观部分，绿化面积设计成巨大的被树木环绕的公共庭园，提供舒适的荫凉区。南侧设计了巨大的水面以强调公共庭园的气氛。停车场内等间距地种植树木进行遮盖，以硬质铺地为主，间隔以绿地及树池。沿建筑周边设置水池，既丰富了入口空间环境，又烘托了主体建筑高耸挺拔的视觉感受。

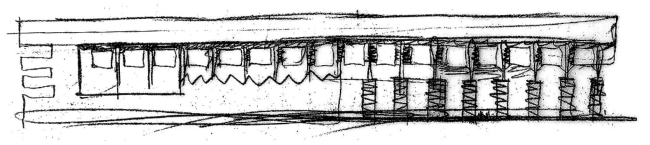

■ 立面构思

■ 南侧水池

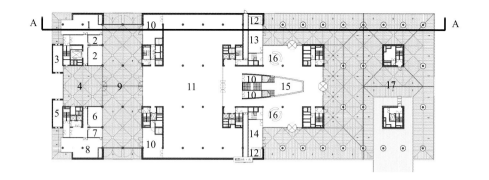

1. 工房	10. 库房
2. 学习室	11. 临时展厅
3. 保安室	12. 服务
4. 卸货区	13. 书店
5. 值班室	14. 咖啡
6. 展览设备室	15. 大堂
7. 展览部办公室	16. 问讯
8. 暂存库	17. 室外展览区
9. 内庭院	

■ 一层平面图

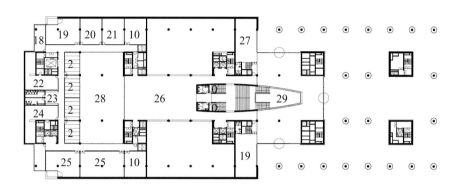

18. 艺工室	24. 小型会议室
19. 贵宾接待室	25. 准备室
20. 档案资料室	26. 展厅
21. 学术委员会办公室	27. 艺术卖品店
22. 小型资料室	28. 内庭院上空
23. 卫生间	29. 大堂上空

■ 二层平面图

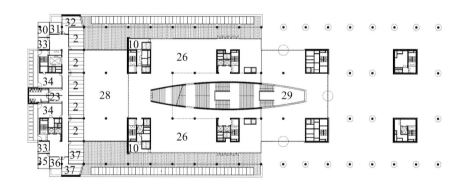

30. 艺术教育部办	34. 副馆长室
公室	35. 收藏保管部办
31. 馆长室	公室
32. 财务室	36. 展陈部办公室
33. 馆办	37. 策展部办公室

■ 三层平面图

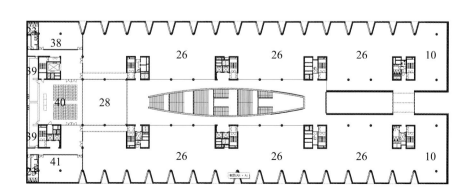

| 38. 图书馆 | 40. 多媒体演播厅 |
| 39. 休息室 | 41. 修复室 |

■ 四层平面图

■ 大堂实景

核心空间： 博物馆包含四层展览空间和一个标志性的由巨柱制成的南向开敞大门廊。该门廊连接着大厅，大厅中央被一个宏伟的阶梯统领，整个建筑和展览空间都沿着纵深方向展开。包含大台阶的中庭空间是本建筑的特征，且为整栋建筑的心脏，它为参观者在底层与充满天光的顶层展览空间之间提供了一个休止符。建筑内部空间被连续表面包裹，并且可以根据展览路径需要被划分为不同的房间。在校园环境中，这座建筑平衡了校园的外部开敞空间和内部空间，为参观者提供了一个友好的广场。

竖向交通组织： 根据不同的功能分区，设置有相互独立的竖向交通方式，互不干扰。同时，竖向交通方式根据不同的功能需求，分别有乘客电梯、货物电梯、楼梯间等，合理解决竖向交通。

博物馆专业设计： 设计中尽量根据各区域展陈设计的基本布局要求，提供开敞的大空间，以提供尽量灵活的设计，适应不同展览的需求。各个展厅形成相对独立的展示单元，每个单元面积均不超过 1 000m²。本次设计对博物馆藏品空间进行了深入的研究，均进行了统一布置设计。

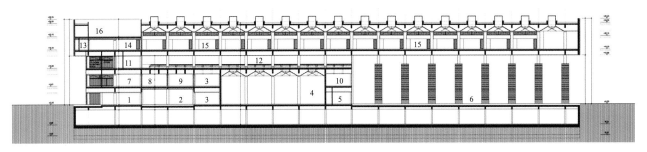

1. 工房　　 5. 书店　　　 9. 策展办公室　　13. 卫生间
2. 庭院　　 6. 室外　　　10. 艺术卖品店　　14. 图书馆
3. 库房　　 7. 修复室　　11. 研究室　　　　15. 展厅
4. 临展厅　 8. 资料室　　12. 露台　　　　　16. 冷却塔

■ A-A 剖面图

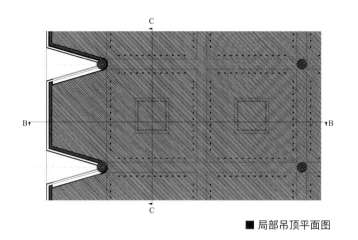

■ 局部吊顶平面图

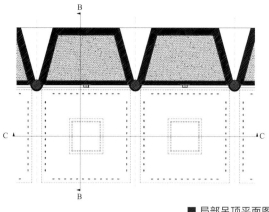

■ 局部吊顶平面图

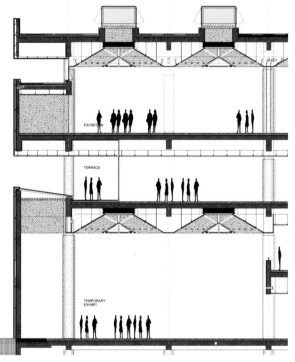

■ B-B 剖面图

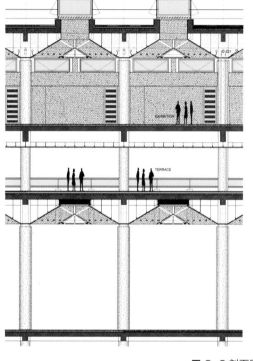

■ C-C 剖面图

■ 博物馆室内实景

■ 室内展厅实景

项目使用情况

借鉴价值

该项目具备灵活的展陈空间。顶层的美术馆设计成 8m 净高的单层大体量，为安排临时展览提供了灵活的空间；所有的空间被设计成 8.1m×8.1m 的方格网，在使用中将提供现代展览空间所需要的巨大的灵活性；展厅的屋顶被设计成一个巨大的自然光过滤器，由于自然光线与人工照明有机的结合，将为展出的作品提供技术上光线调整的可能性；博物馆以巨大的门廊作为入口，门廊同时也是室外展览场所，引导人们进入首层的入口大厅，在这里可以看到不同的内部空间，使参观者对建筑的内部一目了然；主门厅与首层的博物馆有直接的联系，博物馆和美术馆都设计成为有顶部采光的模数空间；博物馆空间围合出一个室外的雕塑展览庭园。

社会效益

清华大学艺术博物馆于 2016 年 4 月 24 日举行落成仪式，9 月 10 日下午，举行隆重的开馆仪式。截至 2018 年 11 月 3 日，艺术博物馆共接待海内外观众100 万人次。在一年多的时间内，有 40 个展览次第展出，5 000 余件展品先后亮相，志愿者讲解累计 13 000 余小时，公教活动举行 100 余场。

环境效益

南侧水景在宽敞场地上的建筑周围建立了适宜的微气候环境；通透的大面积玻璃幕墙全部由建筑外轮廓后退，避免了日光的直接进入；独特的天窗设计为展厅提供漫反射光源，通过自然采光降低照明损耗。

中央美术学院美术馆

CAFA ART MUSEUM

株式会社矶崎新工作室
北京新纪元建筑工程设计有限公司
中国建筑科学研究院有限公司

项目简介

　　中央美术学院是中华人民共和国教育部直属的唯一一所高等美术学校。现设有中国画学院、造型学院、设计学院、建筑学院、人文学院、城市设计学院、实验艺术学院、艺术管理与教育学院八个专业分院，并设有造型艺术研究所、继续教育学院和附属中等美术学校。学院每年招收中专生（附中）、专科生（成人教育）、本科生、硕士研究生、博士研究生和各类进修生。现有在职教职工662人，在校本科生和研究生4 700余名和来自十几个国家的留学生百余名。学院教学科研面积共占地495亩，总建筑面积26.9万 m²。

　　项目位于中央美院望京校区。现有一期建筑立面朴素、协调，以灰色为主色调，基本形态以矩形和直线条为主。本美术馆设计力求与一期建筑在统一中寻求差异和个性，创造变化的协调。这也是美术馆本身的功能和社会任务所要求的。在形体上，美术馆主要由三面曲率各不相同的三维曲面壳体围成，三维曲面不仅造型优美独特、结构稳定。壳体与壳体间的垂直方向的三处接口有矩形体量突起即为展厅、报告厅和办公后勤的出入口，而水平方向的接口则形成屋顶。柔美的曲面壳体不仅在外观上与现有地块形态完美结合，给人以优雅、端庄的感觉，而且为内部展厅呈现出丰富的空间形态。内部各展厅通过大坡道连接起来，创造了流畅的参观路线。

项目概况

项目名称：中央美术学院美术馆
建设地点：中央美术学院校内
设计/建成时间：2003年/2007年
用地规模：8 641m²
建筑面积：14 777m²
建筑层数：地上4层，地下2层
绿地率：35%
项目投资方：中央美术学院
设计单位：株式会社矶崎新工作室
　　　　　北京新纪元建筑工程设计有限公司
　　　　　中国建筑科学研究院有限公司
主创设计师：矶崎新
合作建筑师：程大鹏、倪歆海、宋涛
结构形式：框架结构＋钢结构
项目所获奖项：
2007年北京市结构长城杯银奖；
2008年北京市建筑长城杯金奖；
2009年北京市第十四届优秀工程设计一等奖；
2010年全国优秀工程勘察设计行业奖建筑工程（中外合作项目）一等奖

■鸟瞰实景

项目亮点

中央美术学院美术馆是一个集收藏、修复、研究、展览为一体的综合性美术馆。馆址位于花家地校区东北角。主要房间有400座国际报告厅、60座会议室、行政用房、收藏库和设备用房。地上四层，面积为9 032m²。主要房间有入口大厅、常设展厅、一级文物展厅、特殊展厅、临时展厅等。入口大厅布置在美术馆的东北角，通过一个20多米长的直桥，与美术馆周边道路无高差相连接。直桥下为1 800m²的下沉广场，东侧设有水池，北墙为水幕墙，西侧为咖啡沙龙。下沉广场与周边道路借助坡道相连接。外墙饰面为干挂板岩，肌理厚重，连续。整体结构分为两段，地下二层至地上三层地面为钢筋混凝土结构，之上为钢结构。屋顶部设有三个大面积采光窗。受已经建成的石膏馆、行政办公楼及北、东、南三面的道路的限定，美术馆的平面基本上呈L形。

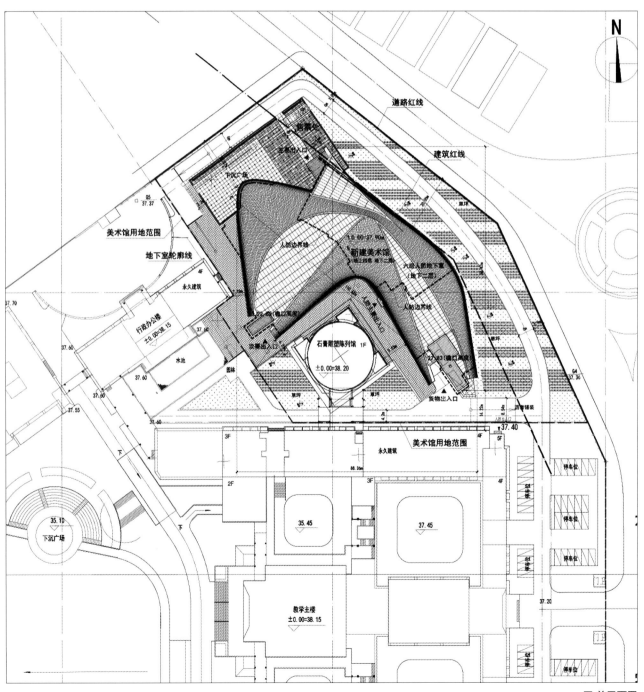

■ 总平面图

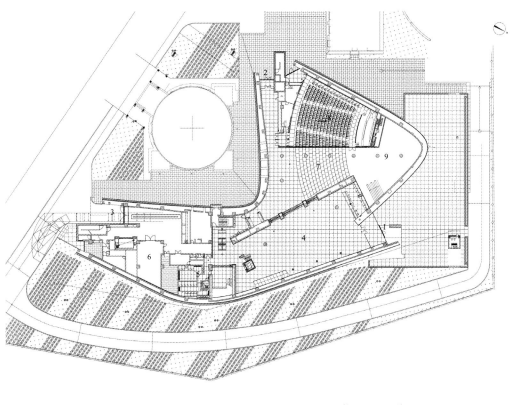

1. 主入口
2. 次入口
3. 工作人员出入口
4. 大厅
5. 卫生间
6. 办公室
7. 阶梯展示区
8. 报告厅
9. 咖啡厅

■ 一层平面图

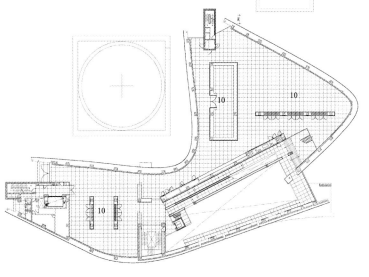

10. 展厅

■ 二层平面图

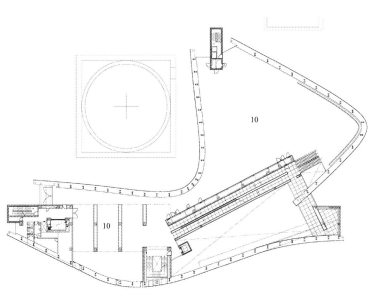

10. 展厅

■ 三层平面图

欧洲古代艺术经典石膏像

捐赠仪式

■ 大堂实景

■ 顶部实景

设计理念

美院美术馆与周边的建筑几乎没有什么统一而言。对于这种矛盾的存在，有些人提出了批评，认为建筑语言有必要统一，但矶崎新却不以为然。这种矛盾的存在，完全是由于他强烈的自我意识与现实之间的差距所导致的。他对现实的伤感以及对未来理想化的憧憬，也只有通过这种矛盾的形式才有可能表达得出来。

首先是形态与表皮肌理之间存在着矛盾。虽然美术馆的形态完全是有机时尚的。但这种有机的时尚并没有一泄到底，中途被近三万块灰绿色天然岩板所掩盖。厚重所隐喻出的一种历史气息，与现代时尚的形态在这里被结合到了一起。矛盾化的碰撞，形成了一个稳定的形态。美院美术馆不仅具有雕塑色彩和音乐旋律，而且流畅的曲面语言所表达出的自我和自由也十分的鲜明。浑然一体的饱和形态，和超现实主义的建筑语言所描绘出的连续、切入、撕裂等，会使人的视觉空间变得深远和丰富。这是人与建筑进行交流的必要条件。也是美院艺术家们所需要的视觉效果。

空间构成的特点

空间流线组织具有韵味

美术馆对外服务空间基本上可以概括为"一竖三平"。"一竖"是指入口大厅，高约 20m。"三平"是指一层的国际报告大厅、二层的两个常设展厅、三层的临时性展厅（南侧部分有一个夹层）。这种空间组合原本是一种比较常见的空间组合形式，但在这里由于采用了坡道及错层梯段的连接，而使得美术馆整体空间组合变得具有了韵味。坡道不仅可使空间连接具有连续感，更有意思的是，其缓冲属性所形成的渐变感，对人的情绪调节具有影响。这是一个经常容易被设计者忽视的细节。在沿展线行进过程中，当一个主题展线行进完成以后，人的情绪是需要进行调整的。与之相对应，一个相对空白的、延缓的、渐变的空间在这时是必需的。相反，简捷的垂直式交通，由于空间转折幅度较大，则可能会使人的情绪出现较大的波动和间断。

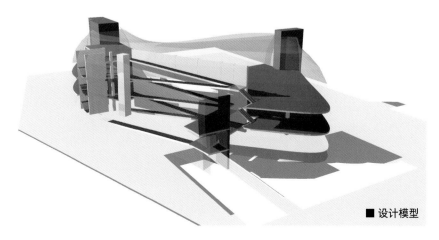

■ 设计模型

吊顶泛光处理具有神圣和虚幻的色彩

在对精神世界有所阐述的空间中，用顶光来烘托神圣气氛的事例并不少见。历史上的古罗马的万神庙及欧洲中世纪的哥特教堂，在这一方面均取得令世人难以忘怀的成就。但是很遗憾，进入近现代以后，伴随着建筑形制的根本变化，许多历史的经验渐渐地被人们搁置了。

中央美术学院美术馆的顶层展示空间和入口大厅均采用吊顶泛光的做法。入口大厅的设计采用了许多教堂建筑的语言。如强烈的空间竖向感，墙面上镶嵌着的龛窗，顶光漫射等。有机的空间形态、无定式的空间组合，使得整个建筑空间所散发出的气息是现代的，而并非是历史的。历史的经验在这里所表现出的只是一种关于神圣感的描述。这是美术馆建筑所特别需求的一种品格。

三层的临时展厅，采用了吊顶泛光处理，天井泛光所表述出的只是一种对空间气氛的渲染。另外，白色的地面、曲线的墙体、特别的踢脚泛光等，对于这一展厅的气氛衬托也发挥了作用。这是一个极具概念色彩的模糊空间。在这里一切都显得不可预测并有可能发生。没有方向、没有边界、没有限定。

■ 中庭空间

空间形态具有鲜明的有机性

在中央美术学院美术馆的设计中，矶崎新大量地使用了具有现代有机论属性的"曲线语言"。通过这些语言，你可以感受到他的自由、理想和期待。所谓的自由，是指不为技术所限定，并充分利用技术；所谓的理想，是指设计更多的是与人的精神世界相对应，已经步入了进行艺术创作的境界之中。这是使作品可能成为艺术品的先决条件。所谓的期待，是指直面超越历史的考验。不仅超越了前人，而且也超越了自己。建筑的有机性在这里被表现得淋漓尽致。

■ 三层实景

细部设计

霍高文金属防水系统

外立面设计是本项目另外一大特点，因为屋面和墙面没有明显的界限，外墙又采用的是干挂开缝砂岩板。为了解决防水问题采用了与国家大剧院外墙同样的霍高文金属防水系统。

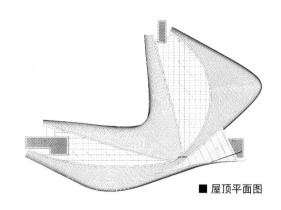

■ 屋顶平面图

■ 实验模型

表皮肌理设计

美术馆的表皮干挂了近 3 万块左右的板岩。在施工图设计过程中，这项工作被作为一个重点进行了长时间的调研和讨论。其实仅就干挂板岩而言，如果基层是钢筋混凝土结构的话，这原本并不是什么复杂的工艺。但由于三层以上部分为异形钢结构，而且又有防水、保温、隔热、冷热变形、冷桥等方面的功能要求，致使这一技术变得复杂起来。

为了确保整体肌理效果的实现和满足功能需求，在设计阶段，特别建造了一个 1 : 1 的样板模型，部位取自曲率最大的地方；在施工阶段，对钢结构的施工精度进行了严格的控制。因为干挂板岩的尺寸、数量、排布方式都是经过精确计算的，如果钢结构施工误差过大，前期的大量工作可能会被推翻。

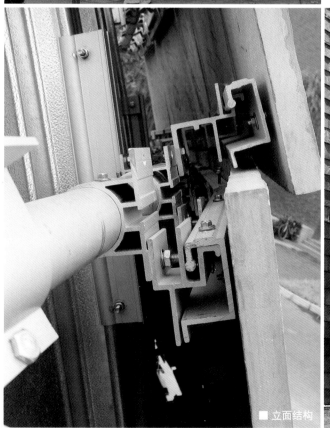

■ 立面结构

■ 立面效果

膜结构吊顶的设计

考虑到部分自然采光和增强美术馆的艺术感染力，矶崎新在顶部采光窗以下，布置了三片膜结构吊顶。就概念而言，膜结构吊顶是被作为一个灯具来设计的。着眼于使之在自然采光和人工照明两种条件下，均为一个光色均匀的通光体，首先要解决的问题是找到透光率适中的膜材。由于膜结构天井与采光窗之间布置有设备管道及大量日光灯等遮光体，为避免自然采光时，因膜材透光率过大，膜结构吊顶通光体上会有阴影出现，最终所选择膜材的透光率是45%。另外，考虑到夜晚日光灯照明时，通光体能够保证均匀透光，设计中对日光灯的数量、排布以及距膜材的距离等都进行了细致的推敲。

■ 楼梯实景

楼梯的踏步和栏板设计

美术馆踏步的踢高板不是压在踏面板之下，而是踏面板被镶嵌在两个踢高板之间。踢高板压踏面板，可以使踢高面减少一条线条，从而使得踏步显得简洁和纯粹。从整体上看，这种做法完全是与美术馆室内的简约气氛相统一。设计师在这里有意识地将一个局部的构造设计与整体联系在一起，这充分体现出了一个设计者对建筑细部设计的理解。细部设计原本就应该是整体的延续，而并非孤立地存在。依照同样的认识，楼梯的栏杆扶手也被做成了板状，形成了"面"在延续的视觉效果。"面"在美术馆的室内构图中是占有相当大的比例的。相反，"线"的比重则比较低。

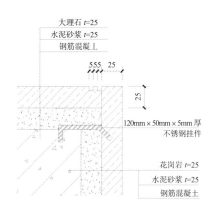

项目使用情况

作为文化部首批国家重点美术馆之一，中央美术学院美术馆依托中央美术学院的学术力量，秉承"兼容并蓄、创新发展"的建馆理念，坚守"智识生产"的学术理想，以"智识服务"的社会责任，将智识生产共享于社会、分享于公众。美术馆参观人数逐年增长，2018全年展览和活动参与人数共计80余万人次，官方网站独立方可达60余万人次，微信公众号关注人数11万人。美术馆坚持"典藏立馆"的原则，充分运用自身学术研究力量，全面开展藏品的系统研究、利于与展示，每年收藏作品800～900余件。美术馆每年呈现学术和公教活动近300场，"CAFAM&AAM中美博物馆公共教育国际学术研讨会""重拾游戏——功能与艺术游戏系列公共教育活动"分别获评文化部2016年度及文旅部2018年度"全国美术馆优秀公共教育项目"。美术馆连续多年获得文旅部"全国美术馆优秀展览项目""全国美术馆馆藏精品展出季优秀项目""全国美术馆优秀公共教育项目"、国家艺术基金"传播交流推广项目"等荣誉。

天津美术学院美术馆
ART GALLERY OF TIANJIN ACADEMY OF FINE ARTS

天津大学建筑学院 AA 创研工作室
天津大学建筑设计规划研究总院

项目概况

项目名称：天津美术学院美术馆
建设地点：天津市河北区
设计 / 建成：2002 年 /2006 年
场地面积：9 360m²
建筑面积：28 915m²
建筑层数：创作工作室 12 层（49.95m），展览区及
　　　　　教学附属用房 5 层（24m），地下 1 层
项目投资方：天津美术学院
设计单位：天津大学建筑学院 AA 创研工作室
　　　　　天津大学建筑设计规划研究总院
主要设计人：张颀、张键、吴放、罗迪、王湘安、
　　　　　　侯钧、胡振杰、张阳、王勇、郑宁、
　　　　　　刘橘、刘恒、曹治政、丁永君、蔡节

项目简介

　　天津美术学院美术馆是一座功能复合型的艺术院校美术馆，包括展览馆、图书馆、报告厅、多媒体教室、工作室及文化超市等六项主要功能，既服务于美术学院，也面向社会开放。在用地紧张、环境嘈杂等条件的制约下，建筑师试图用简约而不乏精致的设计语言实现建筑与城市环境、艺术展品及传统文化之间的积极对话，成为海河东岸城市新景观。

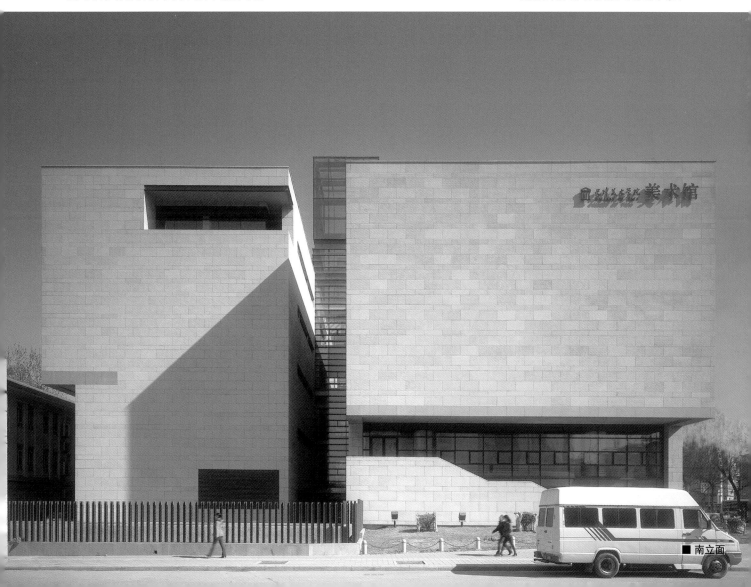

■ 南立面

■ 东南夜景

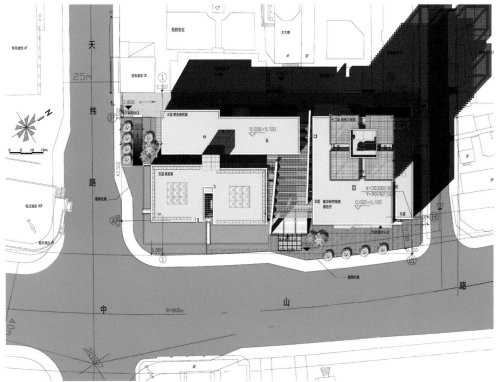

■ 总平面图

天津美术学院前身为北洋女师范学堂，始建于1906年。校区与大悲禅院、望海楼教堂同处海河东岸传统文化商贸区中，毗邻及城市发源地三岔河口，与古文化街隔河相望。随着教学事业的发展，原有的展示教学及创作空间已不能满足使用需求。新美术馆选址位于校区与"百年老街"中山路之间，项目启动时正值海河两岸综合开发和中山路整治改造，因此赋予这座建筑更多的功能与内涵：依托海河发展优势构筑海河东岸的城市景观；根植传统文化商贸区形成新兴区域的标志；结合校园环境，打造面向学校和社会的双重服务空间。

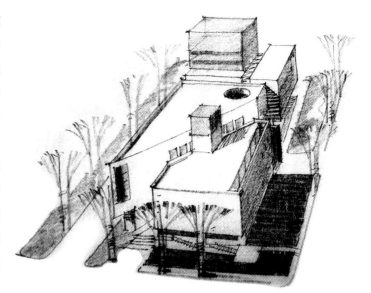

■ 构思草图

■ 项目鸟瞰

■ 入口台阶

项目亮点

建筑主体由四幢多层裙房和一幢高层塔楼组成，主入口台阶、两道斜墙、玻璃天棚、空中步廊以及一座通透挺拔的玻璃光庭横贯基地，将几组功能体块联系在一起。美术馆整体形象稳重而不失飘逸，细部处理简约而不乏精致。主体建筑以雕塑感及体量感表达出美术馆的文化内涵。高层塔楼采用晶莹通透的材质与裙房部分相互衬托，成为天津海河东岸城市景观的新视点。室内展示空间由多个单元组成，可灵活组合以适应不同的展览需要，朴素简约的室内装修风格增强了艺术空间的表现力。

■入口夜景

都市舞台——入口空间

　　入口作为设计的重点，在联系建筑与城市的同时体现出美术馆作为公共空间的开放性。穿过式的主入口空间在组织多种流线的同时实现建筑、城市及传统的双重对话。基地三面环路，仅有一侧与校区衔接，主要观展入口开向城市主干道中山路，以便于对社会开放；为避免嘈杂的环境对入口流线的干扰，将入口平台适当抬升，形成横贯整个地块的半室外入口序列空间。以室外大台阶为空间起点，以左右两片斜墙为视觉引导，人们在由低到高的行进过程中始终能够看到校区主楼的红色圆顶，而连续上升的空间序列巧妙地烘托出校园的整体形象和美术馆的艺术氛围。入口空间上部是锯齿状的玻璃天棚，天棚下设有从展览馆和图书馆通往教学区的两座室外钢结构天桥。斜墙与裙房之间的通高楔形共享空间，一侧是质感粗糙的暖色厚重石墙，另一侧是延展交错的楼梯与平台，以隔绝外部环境的干扰，保持内部功能的完整与独立，形成从室外到室内的自然过渡。

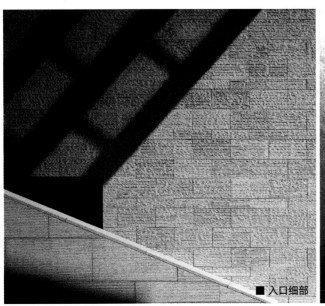

■入口细部

■钢结构天桥

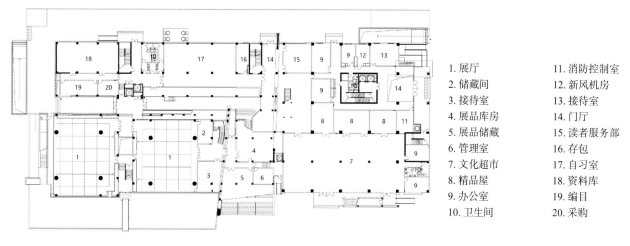

1. 展厅
2. 储藏间
3. 接待室
4. 展品库房
5. 展品储藏
6. 管理室
7. 文化超市
8. 精品屋
9. 办公室
10. 卫生间
11. 消防控制室
12. 新风机房
13. 接待室
14. 门厅
15. 读者服务部
16. 存包
17. 自习室
18. 资料库
19. 编目
20. 采购

■ 一层平面图

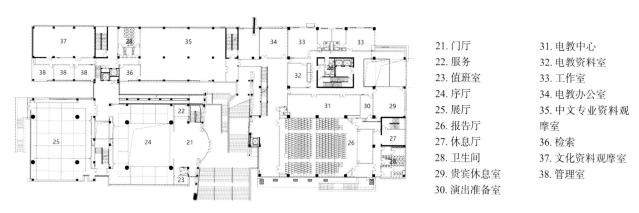

21. 门厅
22. 服务
23. 值班室
24. 序厅
25. 展厅
26. 报告厅
27. 休息厅
28. 卫生间
29. 贵宾休息室
30. 演出准备室
31. 电教中心
32. 电教资料室
33. 工作室
34. 电教办公室
35. 中文专业资料观摩室
36. 检索
37. 文化资料观摩室
38. 管理室

■ 二层平面图

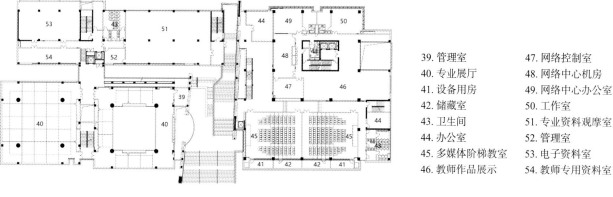

39. 管理室
40. 专业展厅
41. 设备用房
42. 储藏室
43. 卫生间
44. 办公室
45. 多媒体阶梯教室
46. 教师作品展示
47. 网络控制室
48. 网络中心机房
49. 网络中心办公室
50. 工作室
51. 专业资料观摩室
52. 管理室
53. 电子资料室
54. 教师专用资料室

■ 三层平面图

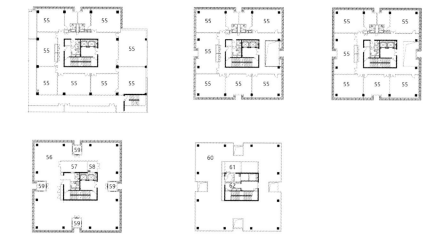

55. 工作室
56. 空中四季厅
57. 设备用房
58. 电梯机房
59. 空调机房
60. 四季厅上空
61. 消防水箱间
62. 消防电梯机房

■ 创作工作室及设备层平面图

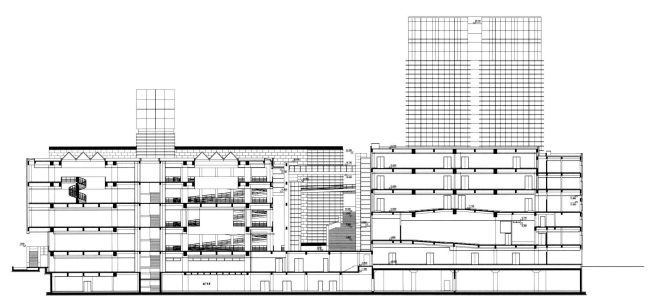

■ 剖面图

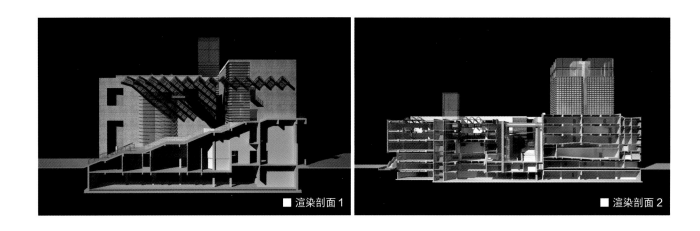

■ 渲染剖面 1　　　　　　　　　　　　　　■ 渲染剖面 2

化整为零——体量布局

基于混杂多元的周边环境，建筑没有采取模仿环境或与其对立的风格定位，而是用理性的手法协调内部功能与外部形象的关系。两个方形体块分别朝中山路和天纬路方向出挑，矩形体块在其三层标高之上朝校区方向局部出挑，"L"形体块也在其二层标高之上朝中山路方向出挑，各出挑部分均处理为上实下虚的效果，给人以摆脱重力束缚而悬浮于空中的感受。高层塔楼以核心筒为界将每层一分为四，使得塔楼实际外观更为挺拔高耸。美术馆各项功能区域既相互联系又相对独立，以便区分内部使用和对外服务。化整为零的体量布局综合了功能、流线、造型与日照等因素，将各功能安置于不同的体块之中，以纵向分区为主，结合横向联系。创作工作室布置于地块西北角的高层

塔楼中，多层裙房中的两个方形体块为展览馆区，矩形体块为图书馆区，"L"形体块为文化超市、报告厅和教学区。在展览馆与图书馆之间，设有作为户外展区使用的狭长庭院和玻璃光庭，增加各功能分区的自然采光面。在展览馆、图书馆与教学区之间，设有横贯整个地块的半室外共享空间，协调多种流线关系，构成主入口的引导序列。此外，同为方形平面的高层塔楼和玻璃光庭一高一低，与多层裙房形成材质上虚与实、体量上挺拔与舒展的对比关系，成为远观美术馆建筑的主要意象。这种化整为零、虚实相间的手法，一方面保证了各部分功能相对独立，另一方面避免了超大体量与非人尺度的问题，减弱了对城市步行道路和校园历史建筑的负面影响。

■ 入口大厅

■ 展厅细节

艺术容器——室内空间

　　室内空间与艺术作品的关系是美术馆设计的要点，"建筑作为一种媒介应该有助于艺术品的理解，而不是喧宾夺主"。建筑通过对共享空间、交通节点、衔接空间、采光方式与展览单元的处理，运用空间、光线和材料等建筑语言塑造朴素简约而又不乏感染力的艺术空间。室外台阶、粗糙斜墙与弧形幕墙将参观者引入一个嵌入式的门厅，楔形体量的通高共享空间与三层高的背景展墙不仅可以布置大尺寸海报，也向这个城市透露着馆内的艺术信息。方形序厅通过一个压低的入口与门厅连接，中部设置二层通高空间以容纳展览开幕活动及巨型展品。其他展厅也大多采用方形体量和中部通高的做法，柱网中心跨尺寸为 13m×13m。展览馆方形体量侧面的狭长坡道将各层展厅串接在一起，其外墙及顶部均为玻璃幕墙，通过与图书馆之间狭长的内庭采光。坡道一端连接着玻璃光庭，这里设有交通厅和电梯，并可由此进入图书馆。

展厅合理利用自然采光并结合人工照明，较为封闭的南立面和西立面隔绝了城市交通噪声，北向采光和天窗采光与狭长内庭和共享空间相结合，营造出静谧柔和的艺术氛围。展示空间大多不设吊顶，楼板底面用深色涂料饰面并暴露设备管线，与白色墙体和圆柱形成鲜明对比，构成低调而不乏创意的展示背景。

■ 东南透视

项目使用情况

建筑迎向城市干道的主入口大台阶成为面向公众的都市舞台，体现出美术馆作为公共建筑的开放性，隐喻其所应承担的社会责任。其延续、上升的灰空间序列，贯穿整个基地，在联系各功能入口的同时，以美术学院主楼穹顶作为底景，完善了公众的视觉感受。空中步廊丰富了主入口的空间层次，提供了人在建筑中游走的可能，也增加了空间的趣味性。建筑师以平和的心态和严谨的思考信守着职业的社会责任，用清晰的空间逻辑和简约的形式语言完成了建筑空间与城市环境、艺术展品及传统文化之间的对话：建筑是城市空间的有机组成，是艺术展品的适宜背景，是历史文化的理性再现。

复旦大学邯郸校区中华文明资源中心

RESOURCE CENTER OF CHINESE CIVILIZATION OF FUDAN UNIVERSITY（HANDAN CAMPUS）

同济大学建筑设计研究院（集团）有限公司

项目简介

　　复旦大学邯郸校区中华文明资源中心项目位于复旦大学邯郸校区核心区，北临校园最核心的传统历史保护建筑相辉堂，南临保护历史建筑的校史馆。项目包括因为地铁建设拆后复建的历史保护建筑 100 号相伯堂和 200 号简公堂，还有拆后还建的文科交叉科研建筑群 A 栋和 B 栋。旨在复旦大学邯郸校区的核心区域打造"古色古香、意韵悠长"的历史建筑群。

　　项目总用地面积约 14 926m²，总建筑面积约 28 106m²。其中地上建筑面积 20 610m²，地下建筑面积 7 496m²。其中科研办公 15 435m²，档案馆 2 225m²，博物馆 2 950m²。

　　本方案复建部分严格依据原有历史建筑，原汁原味复原建筑；还建部分吸收复旦百年建筑精髓，采用灰砖，造型与色彩沉稳庄重，与百年复旦核心区的积淀形成跨越时空的对话。

项目概况

项目名称：复旦大学邯郸校区中华文明资源中心
建设地点：上海市复旦大学邯郸校区内
设计时间：2015 年
用地面积：14 926m²
占地面积：7 630m²
建筑面积：28 106m²
　　　　　地上 20 610m²，地下 7 496m²
建筑层数：地上 3 层，地下 1 层
绿化率：19.27%
项目投资方：复旦大学
设计单位：同济大学建筑设计研究院（集团）有限公司
主创建筑师：王文胜、王沐、周力、王宏伟、刘骁
结构形式：框架混凝土

■ 鸟瞰图

项目亮点

建筑项目整体位于地铁18号线站厅层以及地铁区间上方，是目前全国唯一在高校校园内设置地铁出入口的建设项目。同时也是上海为数不多的在地铁区间上方进行建造的建设项目。工程客观条件复杂，要配合地铁的结构和管道情况进行设计，另一方面还要满足复旦大学校园内现状建筑的风貌特色，总体限制条件较多且较难协调，建筑和结构设计难度远超常规水准。

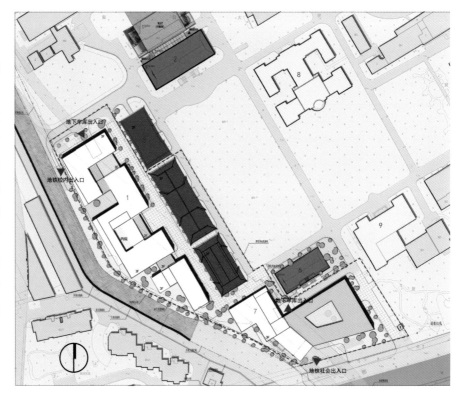

1. 还建建筑 A 栋
2. 相辉堂（现状）
3. 300 号蔡冠深人文馆（现状）
4. 复建 200 号简公堂
5. 复建 100 号相伯堂
6. 校史档案馆（现状）
7. 还建建筑 B 栋
8. 子彬院（现状）
9. 马锦明楼（现状）

■ 总平面图

■ 剖透视图

视点位置：相辉堂室外广场
视点高度：1.60m

视点位置：子彬院室外广场
视点高度：1.60m

视点位置：子彬院室外广场
视点高度：1.60m

视点位置：子彬院室外广场
视点高度：1.60m

视点位置：相辉堂室外平台
视点高度：5.735m

■ 视线分析效果图

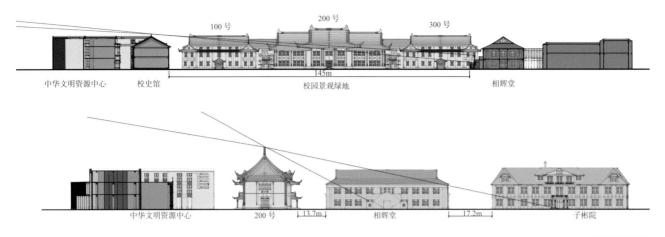

中华文明资源中心　校史馆　　　　100号　　200号　　300号　　145m　　校园景观绿地　　相辉堂

中华文明资源中心　　200号　13.7m　相辉堂　17.2m　子彬院

■ 视线分析图

通过不同界面的融合设计，成为具有大学精神的院落场所，成为具有百年底蕴的人文学科标杆场所

建筑围绕两个"界面"展开：

第一界面：围绕中央草坪的100号、200号、30号和相辉堂、校史馆、子彬院，承担博物、展览、集会的重要功能，成为百年复旦的标志性精神家园。

第二界面：后排新建建筑承担邯郸校区文科交叉研究中心重要功能，成为国家级智库。建筑低调内敛，经过高度论证和视线分析，全部隐于草坪周边历史建筑和还建建筑之后，成为复旦核心区的有机补充和功能完善。通过视线分析，使得第二界面在大草坪上完全隐没。二者融合为具有大学精神的院落场所，融合为具有百年底蕴的中华文明资源中心。

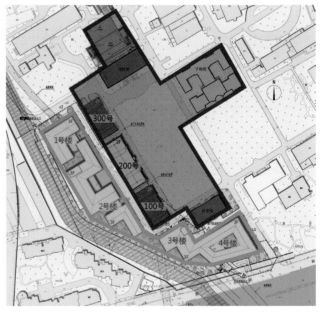

■ 界面融合分析图

■ 界面融合分析图

■ 100 号历史照片

■ 300 号现状照片

■ 100 号复建效果图

继承原有建筑风貌，优化空间环境和景观

由于现存建筑修复于不同的年代，缺少对建筑风貌的整体把控，导致 3 栋建筑的屋脊线从南向北依次递增，立面形制不协调。复建后，将依据"一主两次"的格局，恢复整组建筑中轴对称的历史风貌。

复建建筑以现有的色彩作为基础、历史资料为依据，完善统一细部做法，确保复建建筑、还建建筑与现有建筑群的建筑风貌相统一协调。

复建建筑的复原因受日军侵华战争的影响，建筑的历史资料的缺失严重，现存的历史资料稀少，不足以支撑复原设计的顺利进行。本案多方取材，考证了众多同一时期的中国固有形式建筑的设计远侧，和原建筑的设计师——亨利墨菲的同时代作品进行交叉比对，并且与中国传统建筑的立面形式和建造逻辑进行对比，研究和多方讨论，从而得出最终的里面复原方案。

| 100 号相伯堂 | 200 号简公堂 | 300 号蔡冠深人文馆 |

■ 1947 ~ 2017 年建筑风貌

| 100 号相伯堂 | 200 号简公堂 | 300 号蔡冠深人文馆 |

■ 1920 ~ 1937 年建筑风貌

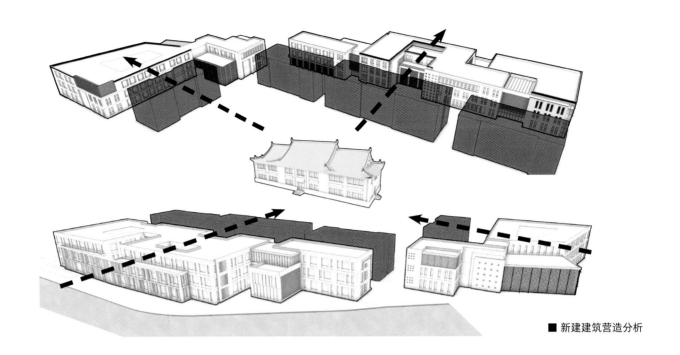

■ 新建建筑营造分析

第二界面还建建筑的立面元素，采用青砖立面的建筑风格，辅以各式花砖和金属百叶，构成立面肌理

新建建筑的设计，也充分借鉴了中国传统建筑的立面比例，立面采用三段式、拱门壁柱、檐口收头等设计手法，与现有历史保护建筑形成呼应。同时选取灰瓦、青砖等基地内原有历史老建筑材料，丰富其历史韵味。与复建建筑以及复旦校园内现有历史建筑形成有机统一。

第二界面的还建建筑，采用青砖立面的建筑风格，这类建筑在复旦校园内还有部分留存，能获得相当的共鸣，同时与第一圈层的历史建筑也能取得更好的呼应。这样的造型处理，也符合本区域作为文科研究中心的功能定位。保温外做页岩砖青砖砌筑。细腻的青砖拼贴，加上局部玻璃采光窗和金属杆件，带来精致现代的教学楼群氛围。

■ 还建建筑效果图

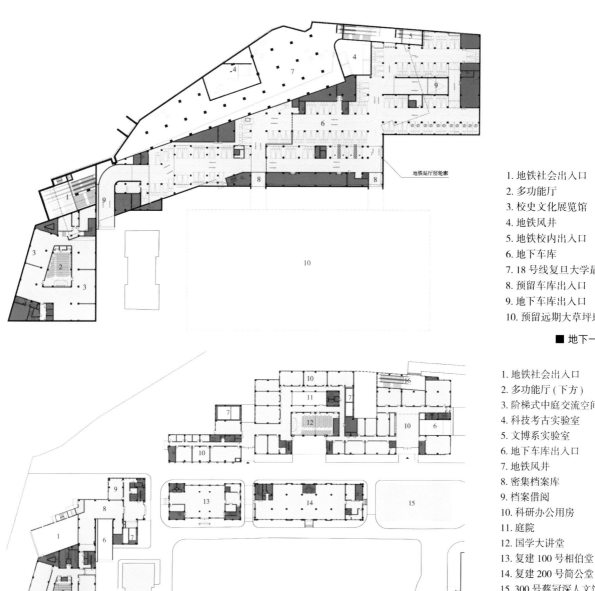

1. 地铁社会出入口
2. 多功能厅
3. 校史文化展览馆
4. 地铁风井
5. 地铁校内出入口
6. 地下车库
7. 18号线复旦大学最美展厅
8. 预留车库出入口
9. 地下车库出入口
10. 预留远期大草坪地下车库

■ 地下一层平面图

1. 地铁社会出入口
2. 多功能厅（下方）
3. 阶梯式中庭交流空间（上方）
4. 科技考古实验室
5. 文博系实验室
6. 地下车库出入口
7. 地铁风井
8. 密集档案库
9. 档案借阅
10. 科研办公用房
11. 庭院
12. 国学大讲堂
13. 复建100号相伯堂
14. 复建200号简公堂
15. 300号蔡冠深人文馆（现状）
16. 地铁校内出入口
17. 校史档案馆（现状）
18. 中心草坪
19. 相辉堂（现状）

■ 一层平面图

■ 还建建筑效果图

■ 还建建筑效果图

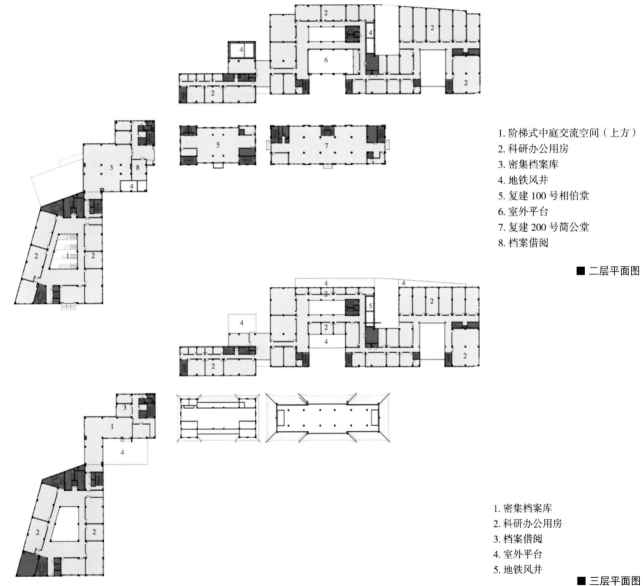

1. 阶梯式中庭交流空间（上方）
2. 科研办公用房
3. 密集档案库
4. 地铁风井
5. 复建 100 号相伯堂
6. 室外平台
7. 复建 200 号简公堂
8. 档案借阅

■ 二层平面图

1. 密集档案库
2. 科研办公用房
3. 档案借阅
4. 室外平台
5. 地铁风井

■ 三层平面图

项目进展与未来展望

应学校发展之需和广大校友的呼吁，项目设计工作将以"保持风貌、提升功能"为原则，对校园西南区域建筑群落进行发展与更新，使之成为教学会议、科研展览以及档案存储等活动的场地，以拓展升级教育资源和知识资源系统，新建中华文明资源中心、科研古籍所、文史研究院、复旦档案馆、复旦博物馆和文科交叉学科楼等建筑形态，带来校园内教育资源和形象的全面提升。

河北师范大学新校区博物馆

MUSEUM OF NEW CAMPUS OF HEBEI NORMAL UNIVERSITY

河北北方绿野建筑设计有限公司

项目简介

　　河北师范大学是河北省省属重点大学，历史悠久，环境优美，学校人才济济，学术气氛浓厚，是莘莘学子求学的理想境地。新校区位于石家庄东南大学园区的北端，规划用地面积为1829亩，设计规模为25 000人（学生）。新校区博物馆位于河北师范大学新校区的核心区域，总建筑面积1.22万m²，主要功能由报告厅、会议室、文物陈列、校史展厅、美术展厅、生命科学展厅等部分组成。

　　博物馆作为征集、典藏、陈列和研究代表自然和人类文化遗产的实物的公共机构，公益性成为其首要职责，因此为在此学习参观的人们提供自由流动的交流场所，成为设计的思考点。本设计通过各高度不同的空间围合出的内向院落，暗示中国传统的空间组织形式，在现代建筑中的延续。建筑设计概念来源于传统坡顶建筑所演化的简洁的形体，其所形成的博物馆本身的内敛气质，提示校园经历百年沧桑后，所形成的文化延续性，使建筑本身也成为博物馆所珍藏的一部分。

项目概况

项目名称：河北师范大学新校区博物馆
建设地点：河北省石家庄市裕华区
设计／建成：2008年／2012年
建筑面积：12 200m²
建筑层数：4层
绿地率：35%
项目投资方：河北师范大学
设计单位：河北北方绿野建筑设计有限公司
主创设计师：郝卫东、郭会彬
合作设计师：胡玉强、李爽、李果娟、张英敏、刘晓杰、
　　　　　　张利新、郑俊华、武东强、王婷婷
项目所获奖项：
全国绿色建筑创新奖二等奖
河北省优秀工程勘察设计一等奖

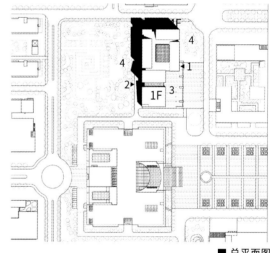

1. 主入口　2. 次入口　3. 室外展场　4. 景观

25m　　　100m
50m

N

■ 总平面图

■ 西南视角

■东南视角

项目亮点

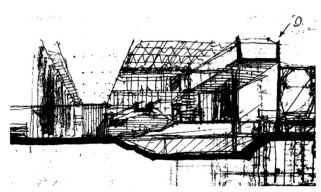

■ 室内空间构思草图

该项目的设计与以往项目不同的是，设计从公共空间的设计开始。

由于该项目场地有限，项目功能较多，各展览、博物功能的组织就变得非常重要，如何有效组织各功能并保证各功能在博物馆中的同等重要，是设计必须思考的重点。在方案之初，这张草图的出现给项目设计奠定了深入的基础。从草图中，我们可以看到右侧的玻璃表达，是在强调中庭空间应与广场产生良好的对话关系，各层功能通过阳光中庭展开……

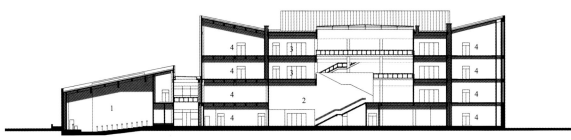

1. 报告厅
2. 门厅
3. 展廊
4. 展厅

■ 剖面图

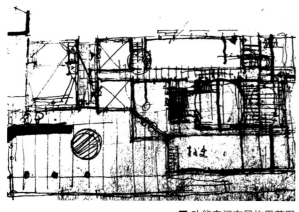

■ 功能空间布局构思草图

与剖面基本同步，平面被展开，从中能够看到左侧被规划为会议区，由一大二小三个厅组成，其间东西向的中庭成为会议区的主要公共空间，该中庭东侧为博物馆广场，西侧为校园核心景观，于是东西两侧的开放空间被连接起来。

馆藏区中庭作为博物馆区的公共空间连接起各展览层。

设计的推进

场地塑造

建筑布局采取"L"形，东南角部区域被留白为广场；

报告厅入口的墙面与其南侧图书馆平齐，展馆部分向东侧拉出，由此形成了博物馆对校园核心广场的退让空间。

在广场的外边缘设置高差，通过台阶、矮墙等手段，界定出既开放向校园又可私享的艺术广场。

广场与中心景观的连接体

在会议区与馆区中部设置中庭，其透明的玻璃盒子形态将西侧校园核心景观与博物馆广场连接起来，也使得整个建筑的尺度得以消减，并减少了建筑尺度对环境的压力。

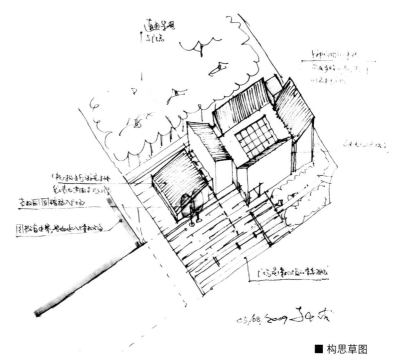

■ 构思草图

■ 建筑主入口

■ 南侧视角

合院在博物馆中的实践

　　馆区以中庭为核心向周边及上部延展，呈现出内部庭院的状态，同时中庭成为去向各层展览区的重要枢纽。该中庭在首层设置了贴墙的竹林，增强了中庭的自然庭院感受，也强化了博物馆的文化气质；二层以上的功能由居中庭一侧的大楼梯连接，并通过楼梯在不同层次的转接，形成饶有趣味的观览路径，实现步移景异的中国传统园林意韵。同时，在每层均设置不同位置的开放空间，成为各层交流及展厅外部展示空间。

■ 入口门厅室外空间

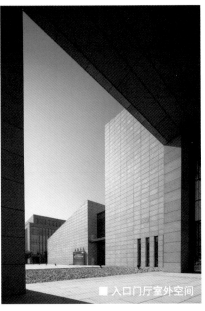

■ 入口门厅室外空间

建筑形式语言

　　本建筑由一系列坡型单元组构而成，展馆区域的坡型均向中庭坡下，大报告厅的顶面根据其内部功能自北向南坡下，降低了该区域对图书馆区域的压力；建筑外墙根据内部功能需要设置开窗，在坡型单元之间留出缝隙，既满足内部光线的需要，也使得各坡型单元变得愈发纯粹。

■ 建筑细部

■ 建筑细部

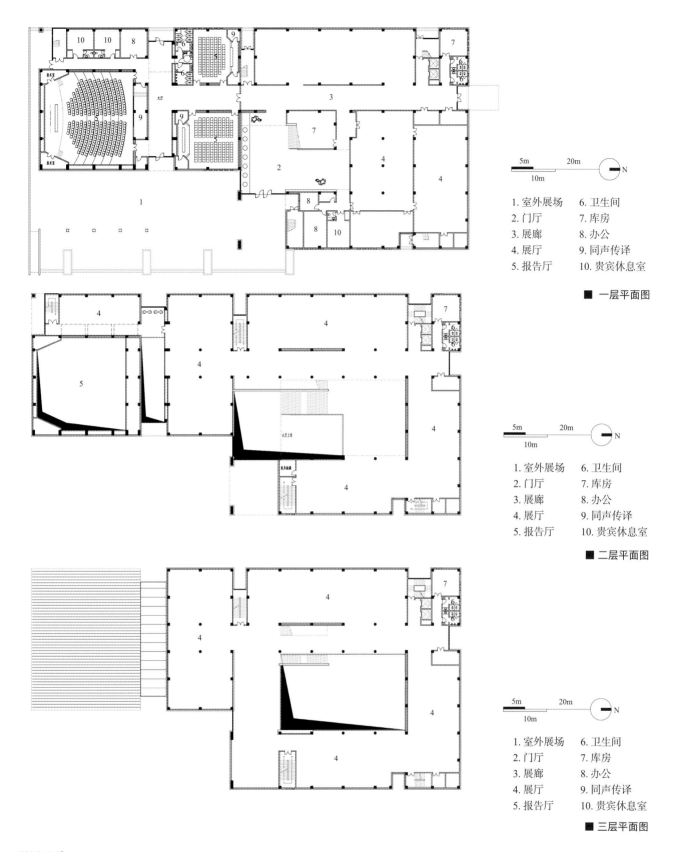

观展流线

常规观展以首层公共空间作为起点，沿校史馆与文物馆环廊形成环路；之后沿大台阶拾级而上进入二层艺术展厅的中间平台，阳光从顶部沿背景墙倾斜而下，使这里成为光影平台，艺术类展陈围绕该空间向两侧展开，且由此可继续通过开放的楼梯导引观众向上进入三层的艺术展陈空间；三层与四层的交通转入中庭西侧的展廊，丰富了该部分的观览趣味，在四层设置了古化石等生物学科的展示。

在展馆的西北角设置了 VIP 贵宾通道，方便快捷到达目的层。

室内设计——室内外建筑一体化

在本项目中，我们在完成建筑设计的同时，也完成了室内设计部分，充分实践了建筑与室内空间一体化的概念。建筑室外材料延伸至室内，强化了中庭的自然庭院感受。室内设计强调空间营造和观展体验，通过去风格化和装饰化的建筑语言一气呵成。

会议部分采取与展馆可分可合的组织方式，便于单独或同时使用。

■ 室内空间

■ 入口门厅

景观设计——景观与建筑一体化

景观设计与建筑设计一脉相承，并成为建筑的载体也成为建筑的外部延续。广场叠砌的石墙围合了艺术广场，进入广场的台阶通过自然形态的石头的放置，形成独特的艺术气息。会议入口与展馆入口之间以自然的卵石洒落其间。非常可惜的是原设计中在报告厅的东墙附近有两颗自老校区移植的国槐，未能实现。

■ 入口广场

■ 入口广场

项目使用情况

博物馆现实使用中的展陈，以宇宙、地球、生命、人类、艺术、校史为脉络，共设有天地科学、生命科学、艺术、文物、校史 5 个分馆。

博物馆藏品内容丰富、种类多样，有着百年校史的深厚积淀，洋溢着浓浓的学术和艺术氛围，这里是本校师生进行学科教学与研究的第二课堂，是丰富师生文化生活、增进艺术修养的理想空间，是学校对外交流展示的窗口和平台，也是社会各界艺术爱好者沟通交流的重要场所。

同济大学博物馆
MUSEUM OF TONGJI UNIVERSITY

同济大学建筑设计研究院（集团）有限公司

项目简介

　　一·二九大楼位于同济大学本部中法中心西侧，教学南楼南侧，这块区域是同济大学现在校园中历史最早的区域。原为日本人建的一所中学，包括一组 U 字形建筑群的教学楼（今日的一·二九大楼和测量学院）和一个礼堂（今日的羽毛球馆），建成于 1940 年代初，是同济校园中现存历史最悠久的建筑。

　　整体呈"L"形布置，由东西向楼和南北向楼两部分组成，环抱一·二九纪念园，紧邻一·二九大礼堂。长期以来，一·二九大楼一直作为学校教学楼使用，目前该大楼已使用超过 70 年，早已超出其设计使用年限，室内外损坏程度严重。从安全性上等诸多综合因素出发，该建筑已不能作为教学楼使用。随着建筑功能的调整，以及提升区域历史价值的需要，同济大学将其功能定位为校级博物馆。在保留原建筑结构和外立面的基础上，对建筑内部功能和设施进行更新，以适应博物馆的建筑空间和功能要求。

项目概况

项目名称：同济大学博物馆
建设地点：同济大学四平路校区
设计 / 建成：2011 年 /2013 年
用地面积：47 284m²
建筑面积：4 469m²
项目投资方：同济大学
设计单位：同济大学建筑设计研究院（集团）
　　　　　有限公司
主创建筑师：吴长福、谢振宇
合作建筑师：陈宏、胡军峰
结构形式：砖木混合结构
项目所获奖项：
2014 年度中国建筑学会建筑创作奖—建筑保护与再利用类银奖；
2015 年第八届威海国际建筑设计大奖赛优秀奖

■ 改造后博物馆外观

■ 博物馆主入口

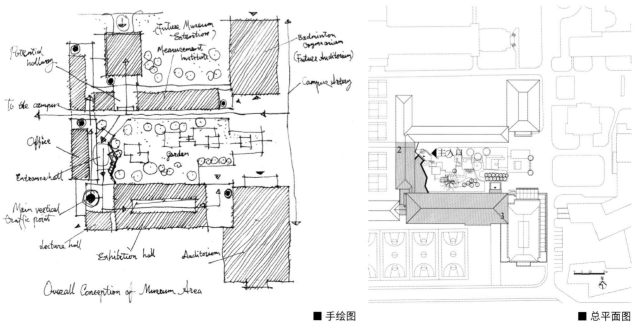

■ 手绘图

■ 总平面图

项目亮点

改造设计主要从空间价值挖掘、使用功能转换和人文环境融入三个方面进行了深入研究。

第一，充分挖掘该历史建筑的价值，如砖木混合的结构形式、早期"日式"建筑的内部功能空间组合关系、相关建筑细部构造等，并反映到博物馆内部的空间设计中。最大化保留和利用大楼内部的木屋架、木梁结构体系，通过维护和修缮，使其作为结构和装饰构建暴露出来，再现在博物馆主要的展示场景中，反映出同济大学悠久的历史。

第二，将原有小开间的教学用房改建成适合博物馆需求的收藏和展示空间。同时，增加配套的功能空间和设备。

第三，设计强调对大楼周边环境的整饬和保护，建筑外立面设计严格遵循原有建筑的风貌，如建筑外墙材料、门窗洞口、屋面形式、雨水落管等均按原样修缮。新加建的玻璃门厅，选址在"L"形大楼内转角，即一·二九纪念园背侧隐蔽处。外观设计强调"新旧

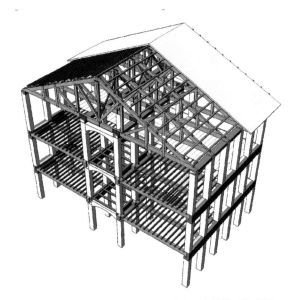

■ 砖木混合结构系统分析图

对比"和"通透性"原则，通过将门厅设计为不规则折线形的通透玻璃厅，一方面避让纪念园的多棵古树，另一方面弱化门厅的形体和体量，使得新增设施对纪念园和原有老建筑的影响最小化。

■ 从"一·二九纪念园"看新建门厅

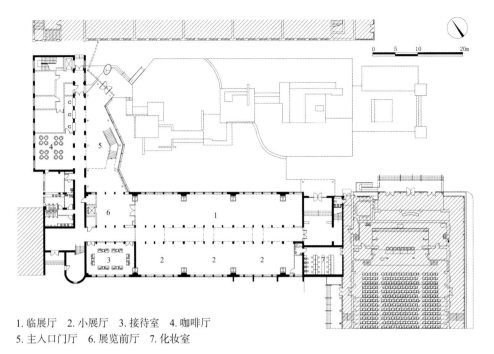

1. 临展厅　2. 小展厅　3. 接待室　4. 咖啡厅
5. 主入口门厅　6. 展览前厅　7. 化妆室

■ 改建后一层平面图

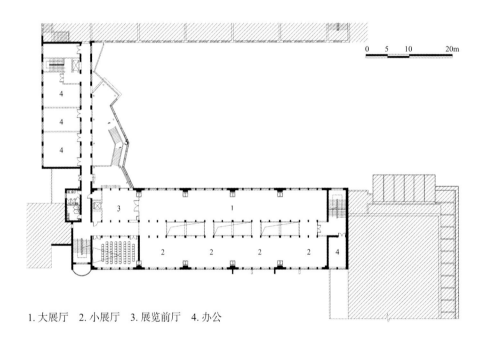

1. 大展厅　2. 小展厅　3. 展览前厅　4. 办公

■ 改建后二层平面图

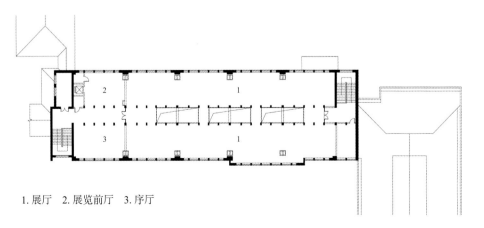

1. 展厅　2. 展览前厅　3. 序厅

■ 改建后三层平面图

■ 展厅内景

■ 修缮后东立面图

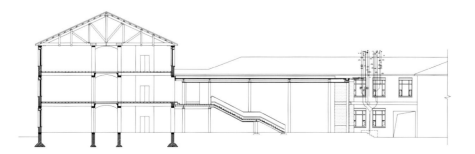

■ 剖面图

■ 三层展厅内景

■ 木屋架现状图

■ 博物馆展厅中庭

■ 门厅内景

项目使用情况

　　本项目立足于对同济大学一·二九大楼进行保护性修缮，恢复历史建筑原有风貌。通过对其的整体保护，可以进一步保留、延续历史老楼的建筑文脉，并在此基础上，通过功能更新、设备更新等技术手段，使其同时满足"同济博物馆"的接待展示新功能要求。作为展示同济大学深厚的历史文化积淀和弘扬人文精神的形象窗口，进一步体现、提升建筑自身的价值。

上海交通大学校史档案文博大楼

MUSEUM OF SHANGHAI JIAOTONG UNIVERSITY

华东建筑设计研究院有限公司

项目简介

　　上海交通大学(Shanghai Jiaotong Universtiy)是我国历史最悠久、享誉海内外的著名高等学府之一，其前身为盛宣怀先生创办于1896年的南洋公学。经过120多年的不懈努力，上海交通大学已经成为一所"综合性、研究型、国际化"的国内一流、国际知名大学。

　　本项目位于上海交通大学闵行校区重要区域，北临东大门、校史档案大楼旨在重塑东大门历史文化区，可提升校园文化空间营造，为广大交大校友、师生提供一个心灵交流、饮水思源的场所。

项目概况

项目名称：上海交通大学校史档案文博大楼
建设地点：上海交通大学闵行校区
设计 / 建成：2015 年 / 2019 年
用地面积：12 082.6m²
建筑面积：29 944.32m²
　　　　　地上 21 000m²，地下 9 000m²
建筑层数：地上 5 层，地下 1 层
绿地率：30%
项目投资方：上海交通大学
设计单位：华东建筑设计研究院有限公司

■ 鸟瞰图

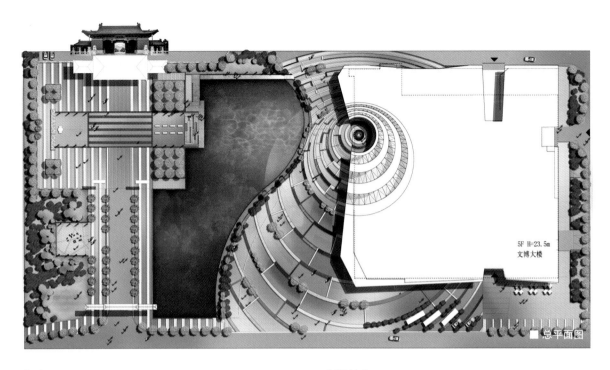

■ 总平面图

项目亮点

设计理念

设计以学校历史发展为脉络，追溯文脉开端，去察觉每一丝与学校相关的历史线索，将场地周边区域的东校门、隔河相望的创始人盛宣怀塑像和经光绪皇帝批复设立南洋公学的奏折"请设学堂片"、学校历史遗存构件等整合出一条完整的步行参观流线，营建富有交大特点的场所。

以"饮水思源、时空对话"作为整个设计的理念核心，用设计的语言进行诠释。通过有意义的历史建筑及文化去体现精神层面的内容，将东校门区域作为建筑空间的外延，以盛宣怀雕像作为时空轴线的一端，与建筑空间产生跨越时空的对话。

功能特色

首层入口门厅顺接参观流线，进入五层挑高的共享中庭。共享中庭向内凹进了一个圆形倒锥体，采用通透的玻璃，与建筑主要立面砖石墙面产生对比，室外底部设置圆形水面，如泉眼一般，"源"点大厅的顶部设计取自"源"在水面形成的涟漪图案，剖面恰好也暗合上海交通大学徐汇校区老图书馆立面山墙的天际线。

环境景观规划

采用纪念性的景观现代风格，与建校史的逻辑叙事互融，在强调时间轴上创造丰富的景观体验，将校门区域、文博楼广场空间和水体空间串联起来，打造独具特色的交大东大门序列式景观。广场层层放大的圆形图案，与建筑室内采光顶及弧形共享空间一起形成"涟漪"效果，加强"饮水思源"的设计理念。

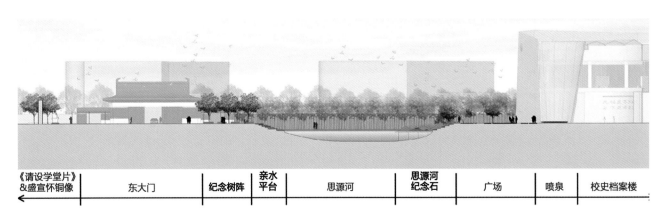

| 《请设学堂片》&盛宣怀铜像 | 东大门 | 纪念树阵 | 亲水平台 | 思源河 | 思源河纪念石 | 广场 | 喷泉 | 校史档案楼 |

■ 景观序列图

048

■ 中庭效果图

室内设计

设计构思

整体功能布局将门厅、休息区、中庭等公共空间设置于基地北面，首层入口门厅顺接参观流线，通过两层挑高门厅进入五层挑高的共享中庭，可选择直接进入一层展厅或者通过大楼梯去往楼上展厅。当人们站在中庭楼上展厅走廊的时候，可远望位于对岸的盛宣怀雕像，再次深刻的缅怀这位为中国近代教育作出杰出贡献的伟大商人，同时再次深化"饮水思源、时空对话"的设计理念。

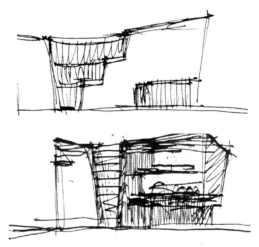

■ 构思草图

空间特色

中庭特色：北侧一层展厅设有成果展厅与专题展厅，楼上展厅设有校史展厅与专题展厅，库房紧挨展厅，便于布展，办公、后勤等内部使用的功能设置于南侧。一楼8m通高门厅及三楼通高咖啡厅，采用格栅排布，强化垂直感，室内外相互渗透。共享中庭内结合交通空间通过场景化预设，弧形大楼梯丰富空间体验。

■ 室内效果

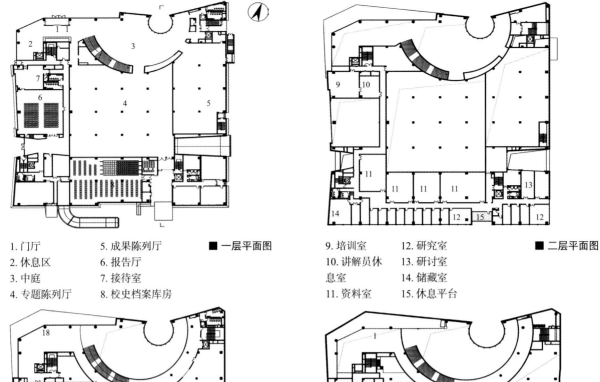

1. 门厅	5. 成果陈列厅
2. 休息区	6. 报告厅
3. 中庭	7. 接待室
4. 专题陈列厅	8. 校史档案库房

■ 一层平面图

9. 培训室	12. 研究室
10. 讲解员休息室	13. 研讨室
11. 资料室	14. 储藏室
	15. 休息平台

■ 二层平面图

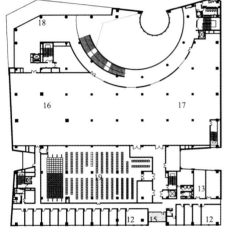
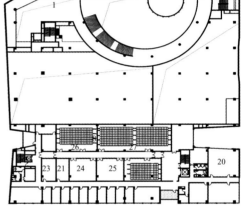

16. 校史陈列厅	18. 咖啡厅
17. 专题陈列厅	19. 博物馆库房

■ 三层平面图

20. 校史成果研究室	24. 办公室
21. 校史编委办公室	25. 书库
22. 校史资料阅览室	26. 教师档案室
23. 音像采集室	27. 学生档案库房

■ 四层平面图

项目进展与未来展望

上海交通大学校史档案文博大楼将于2019年竣工，作为展示校园历史文化传播的重要载体，同时为广大交大校友、师生建立了一个可以获知交大过去历史与将来发展方向的平台，提供一个心灵交流、饮水思源的场所。重塑东大门历史文化区，塑造百年大学文化氛围。

■ 入口效果图

国际乒乓球联合会博物馆和中国乒乓球博物馆

INTERNATIONAL TABLE TENNIS MUSEUM AND CHINESE TABLE TENNIS MUSEUM

华建集团上海建筑设计研究院有限公司

项目简介

　　国际乒乓球联合会博物馆和中国乒乓球博物馆工程，由上海体育学院负责具体建设和运营管理，是世界范围内唯一冠以"国际乒联"称号的博物馆，注重功能拓展和发挥世界一流单项体育博物馆的作用，实现集展示收藏、教育研究、体验互动、国际交流等功能的联动发展。

　　国际乒乓球联合会博物馆和中国乒乓球博物馆项目位于卢浦大桥下世博园文化博览区 15-06 地块，东至上海世博会博物馆、南至局门路。本项目建设用地面积约 5 000m²，总建筑面积 10 389m²，内设陈列区、藏品区、观众服务用房、技术及办公用房及其他配套用设施。

项目概况

工程名称：国际乒乓球联合会博物馆和中国乒乓球博物馆
建设地点：上海市世博园区文化博览区 15 街坊 15-06 地块
设计 / 建成：2015 年 /2018 年
用地面积：5 000m²
总建筑面积：10 389m²
　　　　　　地上 7 915m²，地下 2 474m²
绿地率：10.2%
建设单位：上海体育学院
设计单位：华建集团上海建筑设计研究院有限公司
项目设计团队：赵晨、金峻、程明生、王维
结构形式：钢结构
项目所获奖项：2017 年度院优秀工程奖

■ 鸟瞰图

■ 主入口图

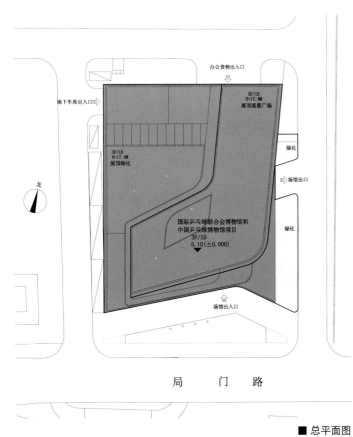

■ 总平面图

■ 区位图

■ 主入口实景

项目亮点

设计理念

建筑设计采用一种折叠的设计策略创造了一种有趣的公共空间。通过折叠，原来单一的地面公共活动被立体拓展到多个空间层面，巧妙地创造了更大面积的、立体式的公众体验场所。通过折叠，建筑形态攀升而上，象征着不屈不挠、奋发向上、敢于拼搏的精神力量。在逐层攀升的过程中，公共空间在这里徐徐展开，乒乓球体验、乒乓讲堂、屋顶花园、乒乓名人足迹……这里不仅是一个乒乓球博物馆建筑，更是一个立体展示全民乒乓运动的魅力舞台！

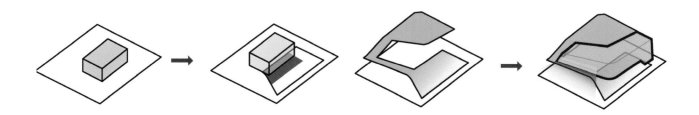

■ 分析图

立面造型

　　建筑造型明快细腻的细部处理，着重于考虑建筑形态与社会时代性的统一，力求在细部处理上体现21世纪科技、文化发展的新面貌，显示出明快细腻的细部特点。简洁大气的造型，以立面上的虚实对比为主要表现手段。利用幕墙窗的虚与实，大与小等变化，构成了整个立面的合适比例与怡人尺度。在获得统一感的前提下，产生变化丰富的细部效果。建筑立面设计注重材料运用与内部功能的结合。着力控制建筑群体的外立面整体效果，处理好虚实对比的关系。设计突出不同材料的色彩、肌理等特点，合理选择外墙材料。

　　建筑立面采用玻璃幕墙和穿孔铝板的组合设计，铝板半透明的材料特点，结合太阳的光线，削弱了建筑的实体感，整个建筑轻盈、活泼。通过建筑形体的组合、折叠，建筑形态攀升而上，象征着不屈不挠、奋发向上、敢于拼搏的精神力量。

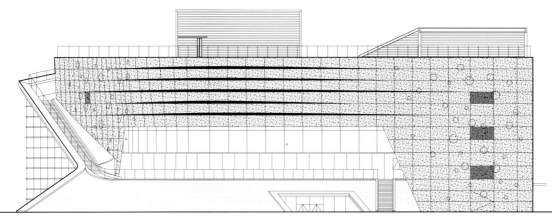

■ 东立面图

■ 东向立面实景

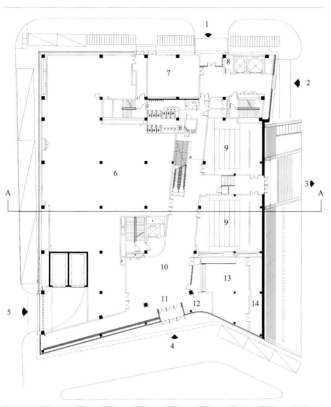

1. 办公人员主出入口	6. 国际乒乓球文化展区	11. 安检区域
2. 展品出入口 卸货区	7. 安防监控 消控室	12. 包裹寄存区领票区
3. 场馆出口	8. 门卫	13. 艺术品商店
4. 场馆入口	9. 多媒体互动展厅	14. 服务间
5. 车库出入口	10. 综合门厅	

■ 一层平面图

14. 服务间	17. 休息室
15. 中国乒乓球文化展区	18. 体验互动区（可灵活隔断）
16. 名人堂	

■ 二层平面图

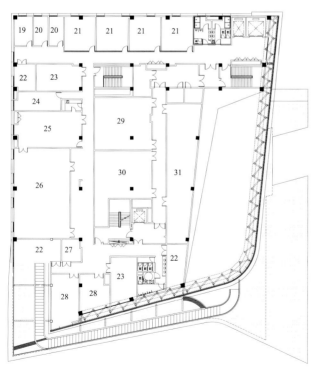

19. 馆长办公	24. 财务	29. 中国藏品区域
20. 副馆长办公	25. 贵宾室	30. 国际藏品区域
21. 办公	26. 多功能厅	31. 珍品库房
22. 空调机房	27. 正压送风机房	
23. 会议室	28. 国际乒联代表	

■ 三层平面图

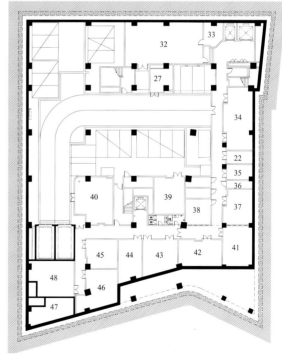

32. 变电所	38. 有线电视机房	44. 数据文献中心
33. 值班室	39. AHU 空调机房	45. 数据库
34. 消防水泵房	40. 空调水泵房	46. 网络机房
35. 隔油间	41. 生活水泵房	47. 雨水收集池
36. 气体灭火机房	42. 电信移动联通	48. 雨水混合机房
37. 高压细水雾泵房	43. 研究室	

■ 地下一层平面图

■ 博物馆大堂实景

功能分区

乒乓球博物馆主要功能布局分为 4 大部分，分别为：藏品库房区、陈列区、观众服务设施、技术及办公用房。陈列区和观众服务设施主要集中在一、二层，藏品库房区和技术办公用房主要集中在三层。

展览流线设置便捷高效，由自动扶梯形成上下分散的观展流线。展览顺序为：综合门厅（序厅）、国际乒乓球文化展区、中国乒乓球文化展区、乒乓球名人堂、体验互动区。室内流线和展示功能有机结合，使得观展的人在观展的同时能够体验到丰富多变的内部建筑空间。

屋顶局部设置屋顶绿化、屋顶观景平台，使游客在绿意盎然的环境中参观、娱乐。

垂直交通设计

垂直交通设计分为电梯和自动扶梯两大部分。

电梯部分：分为公共区域和内部区域。共 2 部客梯、1 部货梯。公共区域设置 1 部客梯。内部区域设置 1 部客梯和 1 部货梯，以减少相互间的干扰。从而高效地解决了垂直方向的人货交通。

自动扶梯：系统由 2 组（4 台）自动扶梯组成，联系一到二层主要展厅部分的客流上下交通。

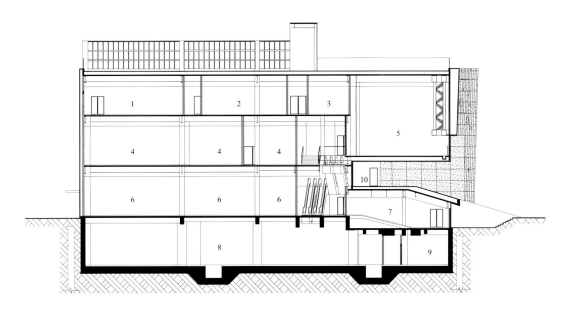

1. 多功能厅　　　3. 珍品库房　　　5. 体验互动区　　　7. 多媒体互动展厅　　　9. 隔油间上设空调机房
2. 国际藏品区域　4. 中国乒乓球文化展区　6. 国际乒乓球文化展区　8. 机械式双层地下停车库　10. 室外平台

■ A-A 剖面图

■ 博物馆室内实景

■ 博物馆室内实景

项目使用情况

借鉴价值

建筑设计采用一种折叠、悬挑和错层等设计策略的综合运用，创造出多个富有趣味、更大面积、立体式的公众体验场所。同时也将原本单一的地面公共活动立体拓展到体验场所内，增加了室内外空间的联系，也巧妙地化解了设计上的难点。

社会效益

国际乒乓球联合会博物馆和中国乒乓球博物馆项目是城市建设中不可分割的组成部分，它已成为文化博览区域城市形象的塑造者，是"市民城市新生活的发生地"。着眼于滨江文博区的总体规划以及空间架构，国际乒乓球联合会博物馆和中国乒乓球博物馆与世博会博物馆形成的公共广场，将成为滨江文博区的窗口和名片，是一处彰显文化集聚效应、演绎市民公共生活、浓缩城市空间品质的"都会客厅"。

环境效益

建筑着重于融于城市环境，地面绿化与建筑屋顶绿化相连。在逐层攀升而上的过程中，原来单一有限的地面公共活动被立体拓展到多个屋面层，创造了更大面积的立体展示全民乒乓运动的魅力舞台。

上海立信会计金融学院中国会计博物馆

CHINA ACCOUNTING MUSEUM OF SHANGHAI LIXIN UNIVERSITY OF ACCOUNTING AND FINANCE

上海华东发展城建设计（集团）有限公司

项目简介

　　上海立信会计金融学院是一所会计、金融特色鲜明的公办全日制普通高等学校，由原上海立信会计学院和原上海金融学院于2016年6月合并组建而成。"立信"之名源自《论语》"民无信不立"，学校的起源可追溯到由著名教育家、会计学家、"中国现代会计之父"潘序伦先生于1928年创办的立信教育事业。2011年学校获得审计专业学位硕士研究生培养资格。在90多年的办学历史中，学校被业界誉为中国现代会计教育的发祥地之一和未来金融家的摇篮。2018年12月，学校被列为上海高水平地方应用型高校建设试点高校。

　　中国会计博物馆是全球第一座会计专业博物馆，坐落于美丽的上海松江地区，与"上海之根"松江草木文润的历史文化一脉相承。本项目位于上海立信金融会计学院松江校区东北角，毗邻城市道路交叉口，东临龙源路，与上海视觉艺术学院相对，北临文汇路，紧靠华东政法大学松江校区。中国会计博物馆建筑本身作为城市街道景观的重要元素，既是学校对外的形象窗口，也是上海市松江大学城的一枚崭新的名片。

项目概况

项目名称：上海立信会计金融学院中国会计博物馆
建设地点：上海立信会计金融学院松江校区
设计/建成：2008年/2010年
占地面积：4 000m²
建筑面积：12 700m²
　　　　　 地上9 200m²，地下3 500m²
绿地率：35%（校内平衡）
建筑层数：地上3层，地下1层
项目投资方：上海立信会计金融学院
设计单位：上海华东发展城建设计（集团）有限公司
主创建筑师：皮岸鸿、刘云、唐家元、魏红坤
结构形式：框架

■ 东南透视

■ 西南向鸟瞰

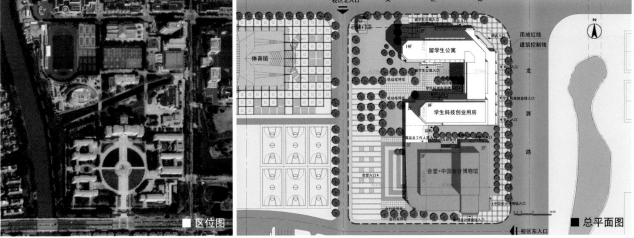

■ 区位图

■ 总平面图

■ 西南向透视

项目亮点

设计理念

中国博物馆作为全球首座会计博物馆，并作为上海立信会计金融学院对外的形象展示面，是整座校园义化积淀的载体以及学生的第二课堂。本项目结合校园整体规划，外形力求简洁干练，虚实对比强烈，内部空间动线明确，局部又形成共享空间，富有变化。在环境上与周边协调统一，立于校园之中，融于环境之内，充分体现了现代博物馆开放的建筑空间和承载文化的设计理念。

核心空间

中国会计博物馆侧重于会计文化的综合展示，展厅集中布置，大空间的展示区域适合不同类型的展品展示，通过隔墙形成相对独立的展示单元。后勤及辅助用房通过回廊联系，功能分区明确，联系性强。

交通组织

藏品及工作人员入口和会堂的演员入口及道具入口设置在北侧，而博物馆对外的观众入口设置在龙源路，在南侧设置了对内的观众入口。内部设置两部电梯和两部楼梯，作为观众和藏品的垂直交通。

■ 东北向夜景

功能特色

立面造型：建筑外立面采用白色及米黄色石材，层层退台的方式弱化建筑体量的同时，丰富了形体之间的组合方式，中间层次的玻璃体，通透的玻璃与实墙形成鲜明的对比，虚化了建筑体量，既使建筑尺度更加宜人，又丰富了建筑轮廓线。立面元素上对会计日常使用的元素进行抽象演化，衍生出主题鲜明的建筑立面。

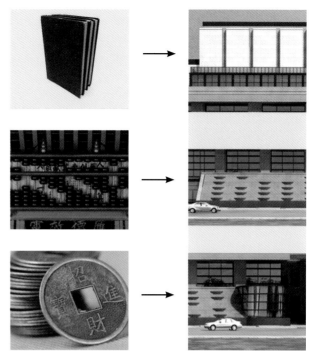

■ 会计雕塑长廊

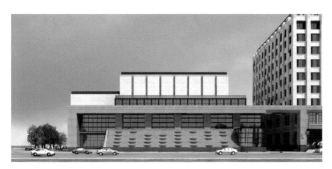

■ 立面元素

■ 元素提取示意图

■ 会计雕塑长廊

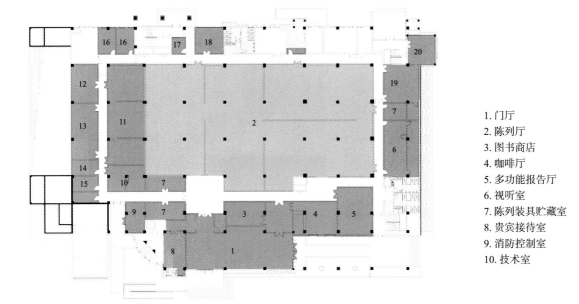

1. 门厅
2. 陈列厅
3. 图书商店
4. 咖啡厅
5. 多功能报告厅
6. 视听室
7. 陈列装具贮藏室
8. 贵宾接待室
9. 消防控制室
10. 技术室
11. 普通藏品储藏
12. 藏品修复室
13. 文献资料室
14. 登录室
15. 监控室
16. 办公室
17. 管理保安
18. 研究中心
19. 会议室
20. 演员休息

■ 一层平面图

■ 会计史画廊实景

■ 百年会计名人长廊实景

■ 中国会计名人堂场景

■ 四大文明古国会计展区实景

■ 权文化专题展区实景

■ 票号专题场景

文化意义

本项目以实物为基础，通过陈列展示构筑历史记忆，在收藏、研究、教育的基础上日益发展为一种以传播、交往、审美为中心，通过陈列展示的一种文化形态。既增强了会计文化的积累，又使其文化观念渗透于文化基础上，这是超脱于博物馆本身的精神意义。

项目使用情况

中国会计博物馆旨在利用博物馆强大的文化传承和宣传教育功能，进行会计历史文化遗存的抢救性收藏和保护，弘扬会计历史文化，促进会计学术研究与交流。

博物馆包括中国展厅、国际展厅、会计名人堂、临时展厅、视听室、展具储藏室、藏品库等展览和储藏场所，最终将由实体博物馆、网上博物馆和数字博物馆共同构成。

南京大学仙林国际化校区校史博物馆

HISTORY ARCHIVES&MUSEUM IN XIANLIN INTERNATIONAL CAMPUS OF NANJING UNIVERSITY

南京大学建筑规划设计研究院有限公司

项目简介

　　南京大学校史档案馆、博物馆位于南京大学仙林校区，建筑层数 3 层，建筑面积 4 990m²，用于收藏和展示南京大学百年校史的档案和实物。校史档案馆、博物馆与图书馆、大学生活动中心共同构成了南京大学仙林校区主轴线的中心组团，是校园中心重要的公共建筑，是校园空间序列中重要的节点。建筑体量是由五个倾斜方盒子构成，五个建筑体块的虚实不同、倾斜不同、高低错落、相互矛盾、向着不同的方向伸展，因此彼此间的故事也不同。其中，玻璃盒子是门厅，四个红色的铁盒子是展厅，四个红色的盒子则代表了南京大学校史上四个具有代表性的阶段，具有明显的象征意义，在校园中形成了独特的建筑形象。

项目概况

项目名称：南京大学仙林国际化校区校史博物馆
建设地点：南京大学仙林国际化校区
设计 / 建成：2007 年 /2009 年
用地面积：9 066m²
占地面积：2 610m²
建筑面积：4 990m²
建筑层数：3 层
容积率：0.55
绿地率：42.8%
项目投资方：南京大学
设计单位：南京大学建筑规划设计研究院有限公司
主创建筑师：戚威、廖杰、蔡振华
项目所获奖项：
2011 教育部优秀建筑工程设计二等奖
2011 全国优秀工程勘察设计行业奖二等奖

■ 西南鸟瞰图

■ 南侧鸟瞰图

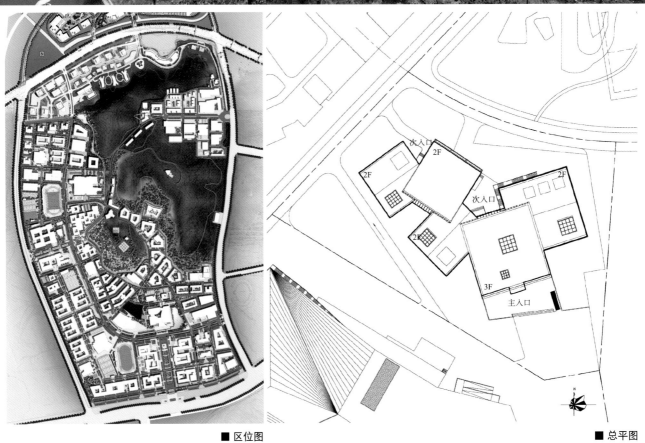

■ 区位图

■ 总平图

■ 西侧人视图

项目亮点

　　五个盒子通过相互的咬合与穿插，巧妙地形成交通空间与休憩空间，各种尺度的共享休息空间点缀在主要的展览流线上，避免了交通空间的单一性，增加了空间的可能性。参观者通过门厅进入后，可以直接进入二层，从二层开始展览序列，依次进入三个主要的建筑展厅，完成一个完整的展示序列；也可以直接进入门厅东侧的临时展厅，交通流线清晰而明确。

■ 南侧人视图　　　　　　　　　　　　　　　　■ 北侧人视图

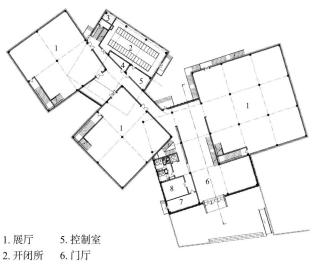

1. 展厅　　5. 控制室
2. 开闭所　6. 门厅
3. 设备间　7. 消防控制室
4. 配电间　8. 接待室

■ 一层平面图

1. 展厅　　5. 整理间
2. 上空　　6. 配电间
3. 库房　　7. 门厅上空
4. 报告厅　8. 办公

■ 二层平面图

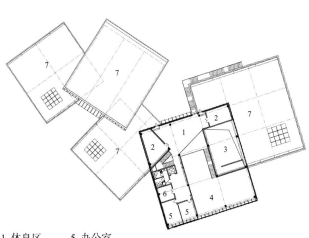

1. 休息区　5. 办公室
2. 库房　　6. 接待室
3. 上空　　7. 屋顶
4. 门厅上空

■ 三层平面图

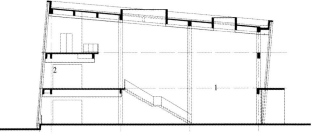

■ 北立面图（局部）

1. 门厅
2. 休息厅

■ 南北向剖面图

■ 西侧透视图

■北侧人视图

　　展厅的内部的空间设计以大空间为主，强调空间的流动性和灵活性，每一个展厅都针对不同的展品尺寸提供了层高8m的高大展示空间和层高4m夹层空间。五个建筑体块高低错落，形成不同形式的高窗为室内提供了良好的采光条件，并且强化了室内空间的历史感和氛围，增加了室内空间的丰富性，强化了展览序列。

　　建筑的表皮采用具有历史感的材料锈钢板，这种材料随着时间会留下痕迹，这种痕迹使建筑更具沧桑感和厚重感，更加衬托出南京大学百年的厚重积淀。这些痕迹就像过去的历史和故事，在阳光和影子里面静静地叙述着南京大学百年的校史。南京大学仙林校区校史档案馆、博物馆力图将使用功能、空间、形式和寓意有效地整合起来，打造出一幢能够体现南京大学百年校史的纪念性展览建筑。

■立面局部放大图

■次入口人视图

■ 门厅人视图

■ 休息区人视图

■ 门厅人视图

■ 主入口人视图

项目使用情况

南京大学仙林国际化校区校史博物馆2009年完成全部施工建设工作并正式投入使用，目前已成为仙林国际化校区到访人数最多的单体建筑。项目总体布局适应用地条件，错落有致。功能布局合理，流线组织清晰明确，立面及造型设计具有体量感和时代感。特别是在生态、节能、尊重地域文化和创新等方面做出了卓有成效的尝试，是国内同期同类项目的代表作品，达到了国内先进水平。

南京大学仙林国际化校区博物馆

XIANLIN INTERNATIONAL CAMPUS MUSEUM OF NANJING UNIVERSITY

南京大学建筑规划设计研究院有限公司

项目简介

　　南京大学坐落于钟灵毓秀、虎踞龙盘的金陵古都，是一所历史悠久、声誉卓著的百年名校。当前，南京大学的办学事业已经掀开新的百年篇章。全体南大人将始终保持奋发昂扬的精气神和朴茂平实的工作作风，为把南京大学早日建成世界一流大学而努力奋斗，为中华民族的伟大复兴做出更大的贡献！南京大学仙林国际化校区博物馆项目用地位于南京大学仙林校区东南角，南临仙林大道，西侧为行政南楼和常州楼，北侧为待建科研与办公用房，东侧为元化路。基地西北侧面对南大校园，东南侧则面向城市环境，处于校园内外衔接的关键节点上，规划总建筑面积约 3 万 m²。

项目概况

项目名称：南京大学仙林国际化校区博物馆

建设地点：南京大学仙林国际化校区

设计时间：2018 年

用地面积：25 144.38m²

占地面积：7 003.32m²

建筑面积：30 329.87m²

　　　　　地上 21 152.41m²，地下 9 177.46m²

建筑层数：地上 4 层，地下 1 层

绿地率：36.3%

项目投资方：南京大学

设计单位：南京大学建筑规划设计研究院有限公司

主创建筑师：张雷、龚桓、范新我

结构形式：框架

项目所获奖项：

2017 年第十一届江苏省土木建筑学会"建筑创作奖"一等奖

■ 鸟瞰效果图

■ 主入口立面

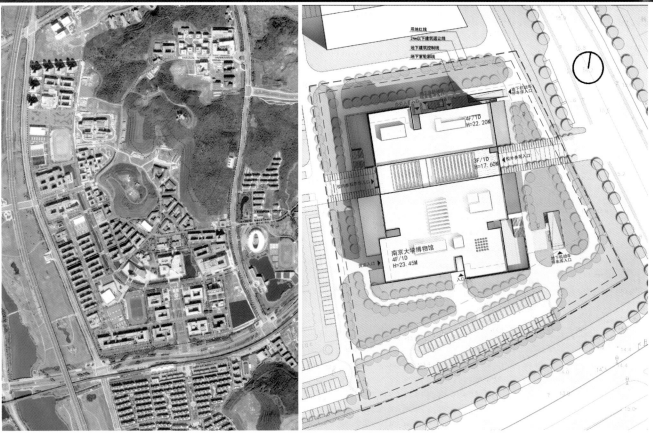

■ 区位图

■ 总平面图

■ 东南角人视图

项目亮点

校园空间的催化剂

　　南京大学博物馆定位为研究性大学博物馆与社会服务相结合的文化场所。方案将博物馆的展厅空间和研究、行政等辅助空间分别设置在南北两个建筑体量里，并在正对行政南楼与常州楼之间的景观主轴方向设置挑高的中庭空间与东西两个主出入口，东入口主要面向社会开放，西入口供校内使用，这一布局将两个体量通过中庭有机地连为一体，同时将景观轴线以视觉通廊的方式穿过博物馆一直延伸到元化路，强化了博物馆的礼仪性与公共性。方案形态操作上在建筑东南角和西北角通过形体的局部切割和下沉庭院的挖空，使得面向仙林大道交叉口和面向行政南楼两个方向形成指向明确的开放空间。入口广场周边灵动的浅水景观纯净而优雅，强化了博物馆极具文化特色的场所体验。南京大学博物馆以开放包容的姿态吸引大家汇聚到百年名校新的时代艺术、科学与人文殿堂，尽享校园文化艺术空间创造的无穷魅力。

■ 方案模型

■ 方案模型

南大文化的标志物

南京大学创立于1902年。"诚朴雄伟,励学敦行"仿佛在诉说着这所百年名校悠久的历史与卓著的声誉。南京大学博物馆采用敦实雄伟的建筑体量,充分展现了校训的神韵。博物馆上部局部收分倾斜的造型手法创造了如"鼎"一般的建筑形态,体现了南京大学教育为本、奋发向上的精神,更彰显了校歌中"如鼎三足兮,曰知、曰仁、曰勇"的精神内涵。博物馆建筑体量在保证完整性的同时在垂直方向和水平方向进行了切割的处理,使得建筑在不同位置结合功能形成了大小不一的公共空间,既满足了采光需要又可观景。俯瞰整个南大校园及仙林地区,整体又不失灵动的建筑造型也暗合南大严谨与开放并重的学风。

■ 南立面

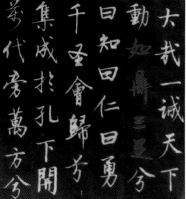

学术研究的综合体

南京大学博物馆旨在推进学科之间的交叉融合,成为综合性与学术性并重的校园文化标志。博物馆的展示部分与研究部分两个体量既相对独立又紧密联系,自然科学类展厅与人文艺术类展厅在垂直方向分层设置,体现了展示功能的综合性。教学科研用房毗邻展厅与临时库房,促进了科研与展示功能的互动,彰显了南京大学博物馆独有的研究性学术性特点。

传统博物馆空间模式
Traditional Museum Mode

展厅 Gallery
展厅 Gallery
展厅 Gallery
展厅 Gallery
藏品库区 Storage

南京大学博物馆空间模式
Nanjing University Museum Space Prototype

艺术类展厅 Gallery		行政办公 Office
人文类展厅 Gallery		教学科研 Teaching / 仓储研究厅 Storage & Research
自然科学类展厅 Gallery		教学科研 Teaching / 仓储研究厅 Storage & Research
临时/专题展厅 Gallery		咖啡&商店 Coffee Store
藏品库区 Storage		

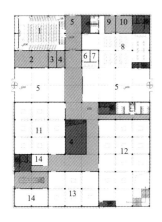

1. 报告　　　　8. 商店 & 咖啡
2. 贵宾休息　　9. 消防控制室
3. 茶水间　　　10. 办公门厅
4. 储藏室　　　11. 临时展厅 1
5. 门厅　　　　12. 临时展厅 2
6. 存包　　　　13. 专题展厅 1
7. 库房　　　　14. 临时库房

■ 一层平面图

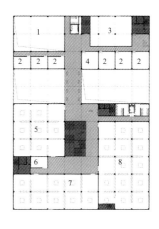

1. 报告厅上空
2. 教学科研用房
3. 仓储式教学研究展厅
4. 文物修复室
5. 专题展厅 2
6. 临时库房
7. 地质矿石类展厅
8. 生物标本类展厅

■ 二层平面图

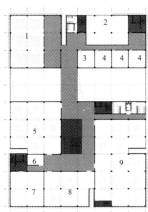

1. 多功能厅
2. 仓储式教学研究型展厅
3. 文物修复室
4. 教学科研用房
5. 专题展厅 3
6. 临时库房
7. 丝毛纸质品库房
8. 人文类展厅 1
9. 人文类展厅 2

■ 三层平面图

1. 图书馆
2. 行政用房
3. 茶水间
4. 储藏室
5. 会议
6. 接待
7. 专题展厅 4
8. 临时库房
9. 艺术类展厅

■ 四层平面图

■ 开幕厅效果图

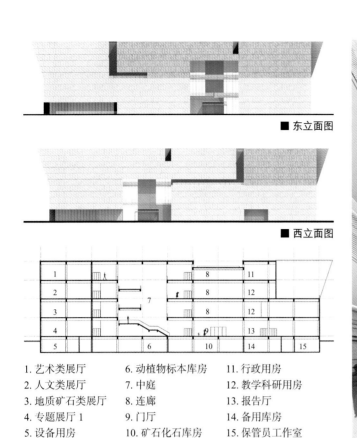

■ 东立面图

■ 西立面图

1. 艺术类展厅 6. 动植物标本库房 11. 行政用房
2. 人文类展厅 7. 中庭 12. 教学科研用房
3. 地质矿石类展厅 8. 连廊 13. 报告厅
4. 专题展厅 1 9. 门厅 14. 备用库房
5. 设备用房 10. 矿石化石库房 15. 保管员工作室

■ 南北向剖面图

■ 展厅中庭效果图

项目进展与未来展望

　　2017 年 5 月南京大学博物馆召开第一轮专家评审会，我院方案被评为专家评审会第一名方案，入围第二轮。2017 年 9 月召开第二轮专家评审会，我院方案被评为专家评审会第一名方案并正式确认为中标方案。南京大学仙林国际化小区博物馆已完成报建，目前正在进行施工图设计。建成后的博物馆旨在推进学科之间的交叉融合，并成为综合性与学术性并重的校园文化标志。

■ 多功能厅效果图

■ 展厅效果图

东南大学吴健雄纪念馆

CHIEN-SHIUNG WU MEMORIAL HALL

东南大学建筑设计研究院有限公司

项目简介

东南大学坐落于六朝古都南京，是享誉海内外的著名高等学府。学校是国家教育部直属并与江苏省共建的全国重点大学，是国家"985工程"和"211工程"重点建设大学之一。2017年，东南大学入选世界一流大学建设A类高校名单。

吴健雄纪念馆是经国务院批准建造的第一个国家级华人科学家纪念馆，以纪念曾被美国物理学会宣布为当代最伟大的实验物理学家吴健雄教授。纪念馆座落在吴健雄教授的母校东南大学（原中央大学校本部）校园内中心区域。该纪念馆设计方案经袁家骝先生转呈贝聿铭先生批阅，贝先生表示"这个方案很好"。纪念馆的建成，展现了吴健雄教授在世界物理科学上所做的杰出贡献，同时完善了校园中心空间格局，赋予了具有厚重历史感的校园以现代气息。自建成以来，吴健雄纪念馆已成为东南大学又一标志性建筑。

项目概况

项目名称：东南大学吴健雄纪念馆
建设地点：东南大学四牌楼校区
设计/建成：2000年/2002年
占地面积：435.27m²
建筑面积：2 128m²
　　　　　地上1 428m²，地下730m²
建筑层数：地上4层，地下1层
项目投资方：东南大学
设计单位：东南大学建筑设计研究院有限公司
主创建筑师：高民权、马晓东
结构形式：钢筋混凝土框架结构+钢结构
项目所获奖项：
2004年江苏省优秀工程设计二等奖

■主入口实景

■ 东南鸟瞰

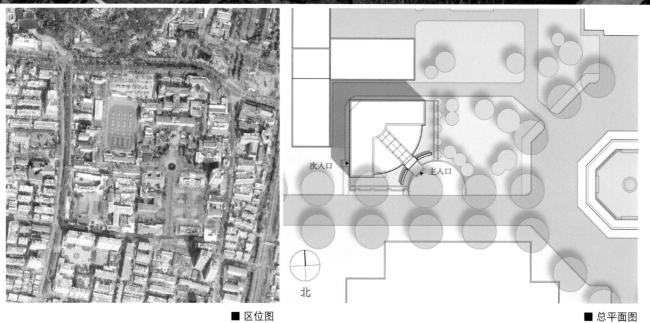

■ 区位图

次入口
主入口

北

■ 总平面图

项目亮点

设计理念

    作为当代最杰出的女物理学家之一，吴健雄教授具有独特的个人魅力和不凡特质：既传统、入世、朴素，又优雅、聪慧、精确，对科学拥有过人的洞察力和品味。吴健雄纪念馆的设计注重人文思想，努力展现吴健雄教授不凡的特质，并表达历史与现代的关联。具体设计以现代建筑风格，简练的手法，运用现代与传统的材料——石材、钢、玻璃，以恰当的建筑语言，传承历史，表达现代，面向未来。

总体布局

    纪念馆坐落在东南大学（原中央大学校本部）校园内中心区域。基地东北侧为原中央大学标志性建筑大礼堂，其南侧与杨廷宝先生设计的老图书馆毗邻，东侧隔校园中心水池与吴健雄当年学习的地方健雄院相望，西侧为南高院（机械系）及振动实验室，东南侧为中大院（现建筑学院）。设计的首要问题是处理好纪念馆建筑与周边建筑的关系。纪念馆建筑高度与图书馆相当，其主入口面向东南，以结合主要人流方向，并与校园主轴线形成 45° 夹角，展示了和大礼堂、校园主轴线，以及中心水池的主从关系。现代建筑形态的纪念馆，和校园中心区的历史形态建筑在空间上取得了整体和谐。

功能布局

    纪念馆建筑地下一层，地上四层。地下一层为200 座讲演堂、珍品保管库及设备用房，地上一至三层为展厅，四层为研究室。L 形展厅两端布置竖向交通及卫生间，扇形中庭大堂另设两部弧形敞梯联通地下讲演堂前厅。

■ 东侧实景

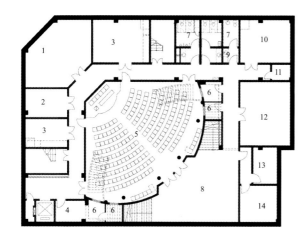

1. 贵宾休息室　　6. 同声翻译室　　11. 清洁间
2. 配电间　　　　7. 卫生间　　　　12. 珍品保管库
3. 空调机房　　　8. 讲演堂前厅　　13. 办公
4. 音控室　　　　9. 开水间　　　　14. 储藏
5. 讲演堂　　　　10. 水泵房

■ 地下层平面图

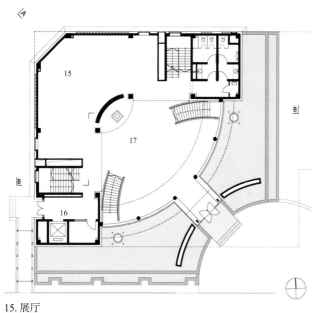

15. 展厅
16. 值班室
17. 中庭

■ 一层平面图

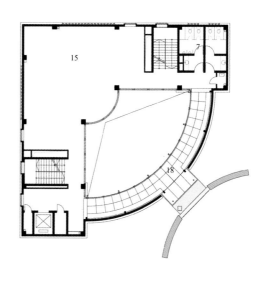

18. 展廊

■ 二层平面图

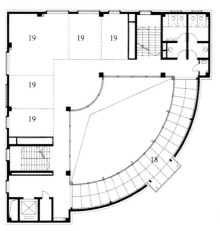

19. 展厅

18. 展廊
19. 展厅

■ 三层平面图

20. 研究室

■ 四层平面图

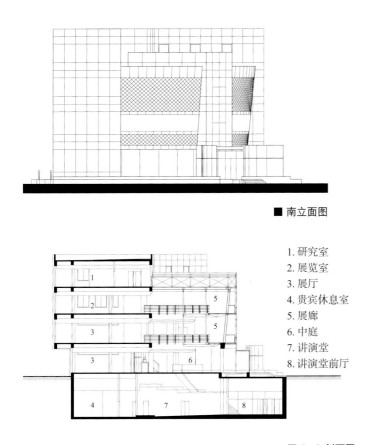

■ 南立面图

1. 研究室
2. 展览室
3. 展厅
4. 贵宾休息室
5. 展廊
6. 中庭
7. 讲演堂
8. 讲演堂前厅

■ A-A 剖面图

■ 入口景观水池

■ 纪念馆与校园中心环境

■ 中庭实景

■ ____道细部　　　　　　■ 中庭天光　　　　　　■ 钢____构展廊

空间形态

纪念馆造型庄重朴实、简洁对称。花岗岩弧形实体中镶嵌着玻璃虚体，建筑强烈的曲直对比和虚实对比，隐喻着吴健雄教授伟大的一生以及温柔典雅的东方女性的性格和魅力。L形展厅采用钢筋混凝土框架结构，三层通高的中庭空间采用全钢结构，并吊挂两层空中弧形玻璃展廊，形成上大下小的1/4倒锥形体。建筑功能和内外空间形态及结构达到完美统一。

新技术以及新材料的应用对实现建筑空间起到了决定性的作用。由立面至屋顶的点式玻璃幕墙，以单纯的造型完善了建筑的个性外观，天光由此倾泻而下，与玻璃连廊共同形成趣味的室内空间。由连廊透过玻璃幕墙恰好正对老图书馆，新与旧的对话，现代与历史的碰撞交织于观者心境。

环境景观

纪念馆位于校园中心区域，建设用地狭小。但整体场地环境设计却松紧有别、收放有度，适宜的建筑体量掩映于校园高大的法桐之下。东侧绿地面向校园中心空间开放，景观以草坪为主，点缀紫薇及低矮灌木。西侧、北侧两面紧邻原有建筑，设计硬地铺装，以满足步行和消防需求。南侧贴邻校园干道，建筑与道路之间设置景观浅水池。水池环绕东南延至建筑东侧，主入口跨越水池而入。静谧的水面建立起场地领域，增强了建筑的纪念性。半圆形入口广场辅以小块花岗石铺装，限定了室外入口空间。

■中庭空间

项目使用情况

借鉴价值

  该建筑的借鉴价值有二：一是纪念馆建筑个性特征的塑造与吴健雄教授的特质吻合。具体表现在虚实相间、刚柔相济的形态特征，以及细致入微的材料建造与细节设计。二是特色空间的营造。作为小型博物馆建筑，地上一至三层以新颖的结构形式实现了简练的共享展览空间，同时室内外空间交融，给参观者留下了深刻印象。

社会效益

  吴健雄纪念馆是中国政府为了进一步形成尊重科学、尊重知识、尊重科学家的风气，更好地团结海内外的科学家实施科教兴国的方针，经国务院批准建造

的第一个国家级华人科学家纪念馆。吴健雄纪念馆于2002年5月31日正式开馆，体现了东南大学对大学文化追求的使命担当，体现了东大人充分发挥文化示范育人功能的不懈追索。

  纪念馆开馆至今近17年，平均每年参观者约有9 000人次。2012年5月东南大学又建立了纪念馆网络平台，至今已有32 000位来访者。

环境效益

  纪念馆建筑最大的环境效益体现在对东南大学校园中心区域历史格局的尊重，建立起与之相适应的空间秩序，并且场地景观营造很好地融入既有校园环境。

中国矿业大学南湖校区科技博物馆

TECHNOLOGY MUSEUM OF CHINA UNIVERSITY OF MINING AND TECHNOLOGY (NANHU CAMPUS)

华南理工大学建筑设计研究院有限公司

项目简介

中国矿业大学简称"矿大",坐落于有"五省通衢"之称的江苏省徐州市,是教育部直属的全国重点大学,教育部与江苏省人民政府、应急管理部共建高校,首批国家"双一流"(世界一流学科)、"211工程"、"985工程优势学科创新平台"、"111计划"、"卓越工程师教育培养计划"重点建设高校。

科技博物馆(又称中国煤炭科技博物馆),是中国矿业大学南湖校区二期工程的重点项目。内涵丰富的大学校园应具备其独特的动人魅力,这需要个性化的建筑形态来诠释。内部空间与外部形态永远是建筑的主题。因功能上的特殊性,博物馆设计向来是建筑师探索空间形态的理想选择。通过对本案所处的特定条件进行全面的分析研究并创造性地采取各种解决策略,设计诠释了独具特色的博物馆建筑空间形态。

项目概况

项目名称:中国矿业大学南湖校区科技博物馆
建设地点:江苏徐州
设计/建成:2004年/2008年
基地面积:20 850m²
建筑面积:18 980m²
建筑层数:4层
建筑高度:21.45m
建筑密度:31.2%
项目投资方:中国矿业大学
设计单位:华南理工大学建筑设计研究院有限公司
项目总负责:何镜堂、郭卫宏
建筑设计:郭卫宏、陈识丰
项目所获奖项:
广东省优秀工程设计二等奖;
2009年度全国优秀工程勘察设计行业奖建筑工程三等奖

■ 北入口透视

■ 东南透视

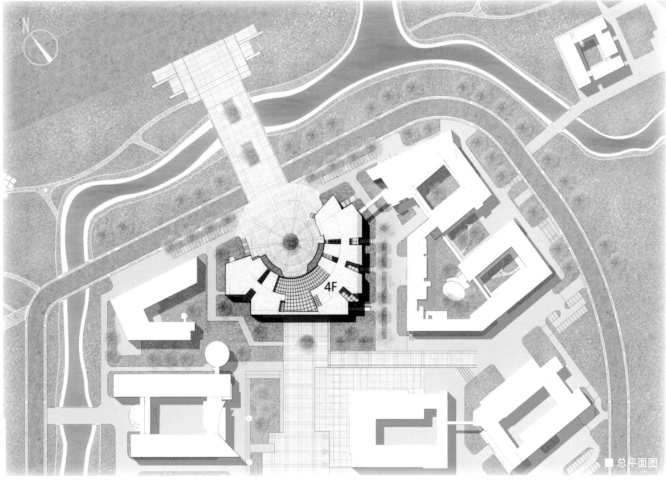

4F

■ 总平面图

项目亮点

对场地的解读与策略

本案位于南湖校区规划的重要节点位置上。北向为城市主干道三环路，直接展现校园的建筑风貌，往南则是校园中央步行轴的起点。设计的难点在于解决场地的轴线承接和与周边建筑的对话关系。方案通过北面圆形内凹广场使北入口轴线在圆心处进行偏转，巧妙过渡至学院区的中心步行轴线，在南北两面都形成了端庄、稳重但又不乏变化的建筑外部形态。东、西、南界面则通过相应的正交切割与周边相邻的学院楼形成关系融合的空间格局，并相互围合出丰富的建筑组团空间。底层中部则采用架空处理，使校园的空间视线和步行轴线得以贯通。

多元化空间

当代的博物馆建筑十分注重其内外空间的表达，丰富的空间与造型给人以无限的想象和体验，其自身也成为向人们展示的对象。而不同尺度的空间也为各种不确定类型的展示提供了各种可能性。相比城市博物馆，校园中的博物馆更应注重空间的开放性以及内外部空间的穿插与融合，强调空间的多样性和趣味性，促进各种交流活动的发生，启发学生的思维并引发他们的好奇心和全面体验建筑的欲望。

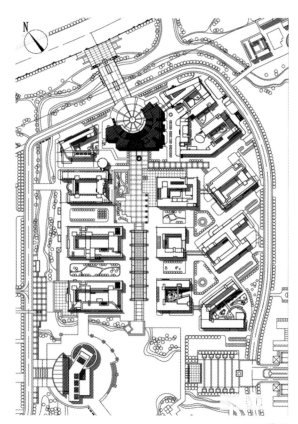

■ 区位图

设计在室外多个方位设置了能通至二楼平台的坡道和台阶，使建筑空间得到充分延伸并拓展了人们的活动区域。内部则通过不规则的平面几何构图和立体穿插的手法以及一系列坡道、台阶、平台、构架等多种建筑要素的综合运用，创造出各种异乎寻常的比例、尺度和形态的空间。

■ 东立面透视

■局部立面实景

■局部出入口透视

■架空层

选择性流线

多选择性、多变的参观流线是本案的一大特色。考虑到学校博物馆的展品一般不会十分昂贵，设计对各展厅采用了较为开放的布局模式。虽然平面基本上为带型布局，各展厅沿弧形通廊展开设置，但通过上述空间的营造，中庭中的单跑景观梯、连廊、展廊以及展厅内部的楼梯、坡道等元素将各展览空间紧密联系起来，人们不必从头至尾参观完同层的所有展览，而可以根据自己的爱好随时变换参观的主题，自由地穿梭于各楼层、各个展厅之间，使参观的过程变得轻松和富于生趣。

雕塑般的外部形态

科技博物馆位于北部学院建筑组团的核心，理应成为区域的地标。建筑本身不算高大，但从其自身的功能特点考虑，不需要过多、均匀的采光，因而我们采用纯净、自由的虚实对比表达建筑的个性。大块面的实墙和局部穿插的玻璃以及连续的弧形倾斜天窗，凸显出建筑的雕塑感，令人震撼的体量展现出建筑的形象并起到统领全局的作用。建筑的外部造型抛弃一切做作的元素，而成为其内部的空间的外在合理表现，内部展厅和中庭的间或布置在外部体现出来的是韵律感极强的体量关系。

■ 东北透视

场地解读
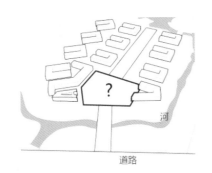

轴线承接
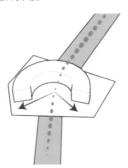

相邻关系
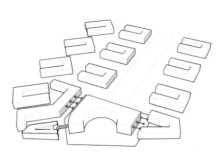

底层架空
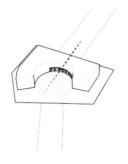

分割穿插
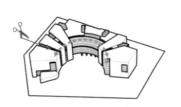

丰富形体
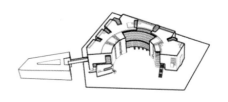

■ 形体生成

■次入口节点

■东北入口节点

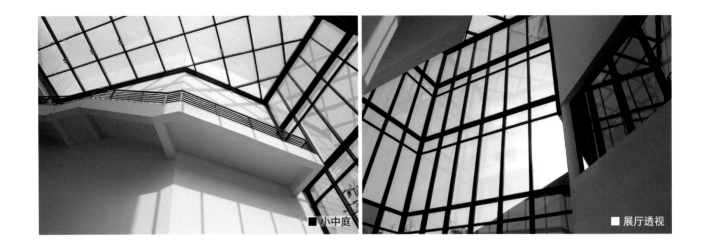

■ 小中庭　　　　　　　　　　　　　　　　　　　　　　　■ 展厅透视

多层次中庭

中庭空间是博物馆建筑经常采用的空间组织模式，平面中各层主要空间由六块大致类似的多边形展厅连接而成。建筑北面贯穿一条十分通透的弧形带状共享空间，在其覆盖范围下组织了展廊、展厅、咖啡座、交通厅廊等功能空间，明亮的阳光注入建筑内部，使之成为建筑的核心场所。其次，作为主要功能空间的各个展厅，被若干宽约 5 ~ 7m、高约 18m 的狭长中庭空间分断开来，为人们提供了参观过程中的休息节点。而各主展厅靠外墙一侧又设有 2m 宽的小型中空，将顶层倾斜侧窗的柔和光线引入内部。一系列中庭的综合运用使建筑内外水乳交融。

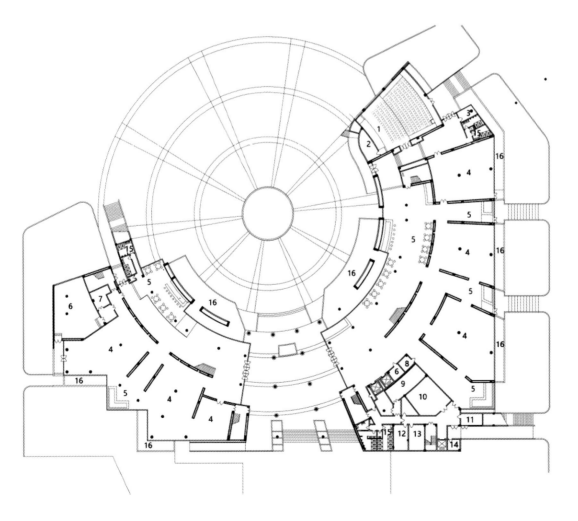

1. 报告厅
2. 准备
3. 接待
4. 展厅
5. 休息厅
6. 配电室
7. 空调机房
8. 网络
9. 水泵房
10. 库房
11. 消防值班室
12. 修补
13. 制作
14. 杂物
15. 卫生间
16. 花池

■ 首层平面图

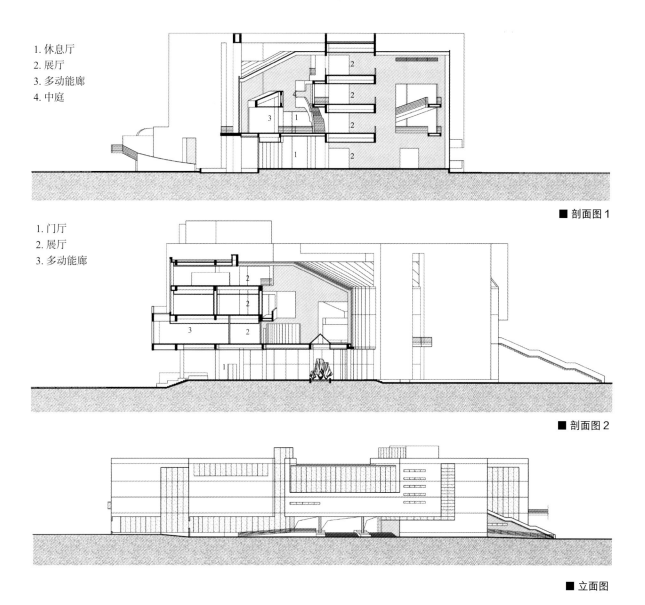

1. 休息厅
2. 展厅
3. 多动能廊
4. 中庭

■ 剖面图 1

1. 门厅
2. 展厅
3. 多动能廊

■ 剖面图 2

■ 立面图

项目使用情况

借鉴价值

内部空间与外部形态永远是建筑的主题。因功能上的特殊性，博物馆设计向来是建筑师探索空间形态的理想选择。通过对本案所处的特定条件进行全面的分析研究并创造性地采取各种解决策略，设计诠释了独具特色的博物馆建筑空间形态。

社会效益

中国矿业大学于 2004 年 11 月开工建设中国煤炭科技博物馆、中国矿业安全博物馆，2008 年 9 月，博物馆的主体工程竣工，开始了馆藏部展工作。设有中国矿业大学校史馆、自然陈列馆、煤炭科技馆、矿业安全馆、煤炭企业馆、艺术馆、地下博物馆 7 个展馆。其中中国矿业大学校史馆、自然陈列馆、煤炭企业馆、艺术馆于 2009 年 10 月 16 日正式开馆。建成后的博物馆将以煤炭科技为特色，存 史、资政、育人；以科普为重点，兼顾教育、教学与科研需要；成为中国煤炭科技发展的收藏中心、展览中心、研究中心、教育中心和交流咨询中心。

环境效益

阳光从玻璃顶部摄入，为展厅注入柔和的展示光源，避免普通开窗方式造成的阳光直射，通过自然采光降低照明能耗。同时中庭空间也为人们提供了参观过程中的休息节点。此外，室外花池在宽敞场地上的建筑周围建立了适宜的微气候环境。

苏州大学本部博物馆改扩建工程

ARCHITECTURAL RENEWAL DESIGN FOR SOOCHOW UNIVERSITY MUSEUM

同济大学建筑设计研究院（集团）有限公司

项目简介

苏州大学博物馆是一座以苏州大学校史和苏州地区地方民俗文化为特色的博物馆，选址于原"东吴大学体育馆"旧址。东吴大学旧址为江苏省省级文物保护单位，体育馆是东吴大学旧址的一部分，现有建筑为一座兴建于1929年的"司马德体育馆"和一座已废弃的游泳池。设计按照文物保护的理念和要求进行，前部按照修旧如旧的原则保持了原体育馆的外观和框架；后部保留原游泳池并加以扩建，整个建筑风格与原有建筑和谐统一，统一规划设计，分期施工。

项目概况

项目名称：苏州大学本部博物馆改扩建工程
建设地点：江苏省苏州市苏州大学本部校区
设计/建成：2008年/2010年
用地面积：4 440m²
占地面积：1 540m²
建筑面积：4 108m²
     地上3 150m²，地下9 958m²
建筑层数：地上3层，地下1层
绿地率：30%（校园整体平衡）
建设单位：苏州大学
设计单位：同济大学建筑设计研究院（集团）有限公司
主创建筑师：周建峰、谭劲松、蒋竞
结构形式：框架

■主入口透视

■ 西南透视

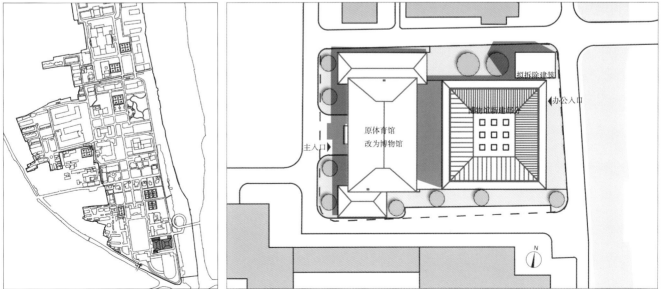

■ 区位图

■ 总平面图

■ 西南透视图

项目亮点

设计理念

　　本项目作为在文物保护建筑群中进行的改扩建工程，首先在总平面布局方面充分尊重原有建筑，体量集中布置，新建展厅部分位于原有体育馆东侧的基地上，南北方向尺寸与原有体育馆建筑主体体量同宽，平面东西方向尺寸遵照南北方向尺寸设计，整体平面设计为方形。

　　尊重基地内游泳池的历史地位，游泳池池体被完好的保留，新建建筑就像一个大的外壳罩在原有游泳池上方。新老建筑之间以通透的大厅作为联合体，主要出入口由原有建筑承担，新老建筑联合使用。周边场地布置以尊重原有现状为基础，以绿色植物和草坪为主要设计元素进行布置。

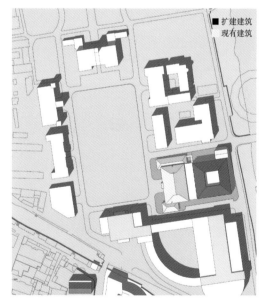

■ 扩建建筑
现有建筑

■ 整体平面设计

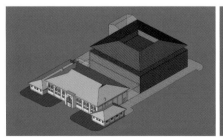

■ 体量集中布置

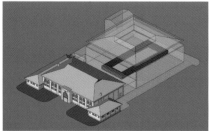

■ 泳池池体保留

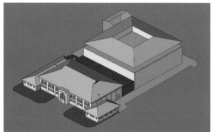

■ 大厅联合体

功能特色

    在立面造型方面，寻求和周边建筑的统一，新建建筑以所处建筑群红色砖墙作为整体立面基调，立面风格遵从古朴典雅的设计风格，采用了民国时期西式建筑的形制以呼应苏州大学前身东吴大学作为教会学校的历史溯源，并采用坡屋顶，力求在校区中心营造中西结合的古典之美。

■ 苏大钟楼

■ 东侧街景

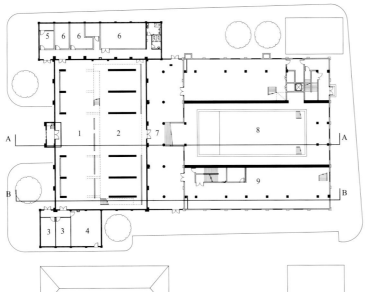

1. 门厅　　6. 设备机房
2. 陈列厅　7. 展厅（过厅）
3. 办公室　8. 下沉陈列厅
4. 馆长室　9. 普通展厅
5. 值班室

■ 一层平面图

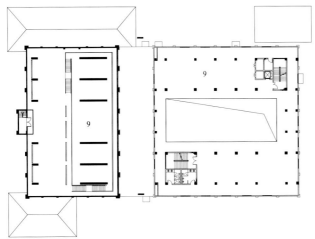

9. 普通展厅

■ 二层平面图

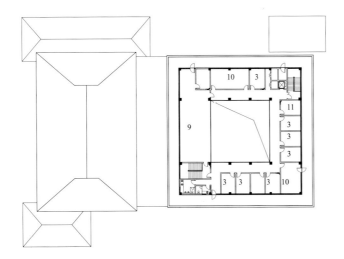

3. 办公室
9. 普通展厅
10. 会议室
11. 接待室

■ 三层平面图

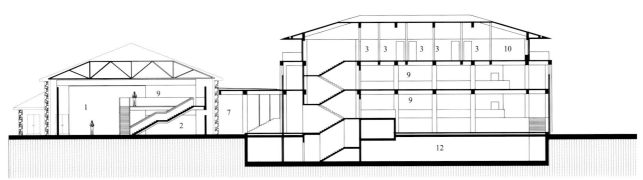

1. 门厅　　　3. 普通展厅　　5. 下沉陈列厅　　7. 接待室
2. 陈列厅　　4. 展厅（过厅）　6. 设备机房

■ B-B 剖面图

■ 展厅（过厅）

平面功能布局

保留建筑的平面功能，主要以开敞通透的展示空间为主，局部设置夹层，运用不同的层高丰富空间感受，同时增加了展览的容纳空间。

新建部分的平面布置以保留的泳池为核心空间元素，将原有泳池改造成中央下沉展厅，其上方空间完全通透，在整个建筑的中央形成一个中庭空间。

一层、二层的展厅以中庭为中心环绕布置，三层为工作人员办公区域，有独立的出入口。

环绕中庭的展厅形成闭合的环形参观流线，使得博物馆的内部参观流线得以最优化。

交通系统结合内部高低错落的展厅灵活布置。

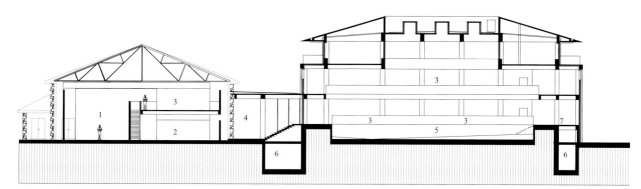

1.门厅　　3.普通展厅　　5.下沉陈列厅　　7.接待室
2.陈列厅　　4.展厅（过厅）　6.设备机房

■ A-A 剖面图

内部改建设计

　　在原有建筑内部增加一处夹层，使得展厅面积扩大，容纳更多的展览空间。

　　内部修建部分与原有建筑完全脱开，不相连，这样就不会影响原有建筑，并且，将来若要计划拆除，恢复体育馆原貌，拆除工作也不会影响到原有建筑结构

　　这是一种可逆的操作。

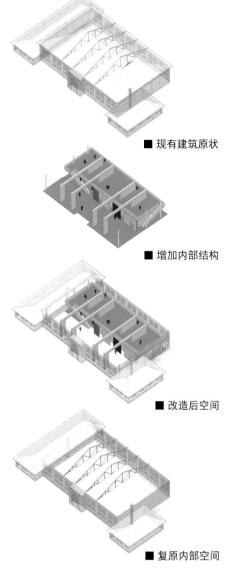

■ 现有建筑原状

■ 增加内部结构

■ 改造后空间

■ 复原内部空间

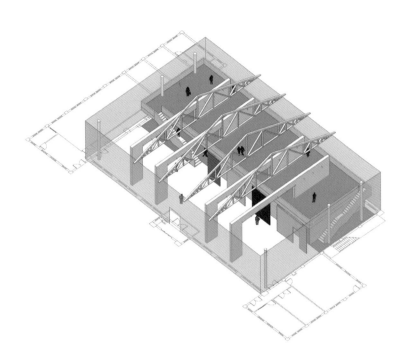

■ 博物馆室外露台

■ 博物馆南立面

项目使用情况

借鉴价值

  该项目作为位于文物保护群内的改扩建工程，对于历史建筑的保护和开发利用具有非常高的借鉴意义。博物馆前部按照修旧如旧的原则保持了原体育馆的外观和框架，利用原体育馆的大空间在其中局部加建二层作为博物馆的临时展厅，将原体育馆的部分辅助用房改为设备用房、临时库房和临时办公用房，更值得一提的是这一改建过程因为独立于原建筑的主体结构而成为一种可逆的变化，为未来的发展保留了空间。新建部分保留原有游泳池的池体空间作为下沉陈列厅，并将其上部作为通透的中庭空间，各层的永久展厅围绕中庭布置，形成了明确的参观流线，同时中庭的采光顶为四周的展厅提供了良好的自然光线。

社会效益

  苏州大学博物馆 2010 年 5 月 10 日隆重开馆，截止 到同年 10 月 29 日，博物馆参观人数累计已突破 2 万人次，其中团队接待 101 批，每天的参观人数稳定在百人左右。对彰显苏州大学百年老校的文化沉积和宣传普及百年东吴的文化底蕴起到了巨大的推动促进作用。

环境效益

  首先由于设计以文物保护的理念为出发点，最大限度地保留了原有建筑和结构，实现了建筑垃圾和建设耗材的最小化，同时也对基地四周历史悠久的珍贵古木进行了保留和保护，将对周边环境的影响降到最低。

浙江大学艺术与考古博物馆

ZHEJIANG UNIVERSITY MUSEUM OF ART & ARCHAEOLOGY

格鲁克曼 · 唐建筑事务所
浙江大学建筑设计研究院有限公司

项目简介

    浙江大学（Zhejiang University）坐落于"人间天堂"杭州，是中国最早创办的现代高等学府之一。项目建于浙江大学紫金港校区西南端，东侧与北侧面朝浙大校园，西侧与南侧分别为花蒋路和杭州市观光河——余杭塘河。作为服务浙大通识教育及专业教育的艺术史博物馆，本项目同时服务校内师生与校外公众，通过艺术品原作的收藏、教学、研究与展览，支持浙大的本科通识教育以及与文化遗产相关的专业教育。艺博馆是浙大百年历史上第一座博物馆，也是浙大目前唯一一座按百年使用年限设计的建筑。它的出现打破了校园西区单一色彩的建筑形象，赋予校园崭新的艺术气质，在建设规模、硬件设施、设计标准、馆藏艺术、社会影响力等方面，都已成为具备国际一流水准的高校博物馆建筑，成为浙江大学艺术史教学研究和通识教育的重要载体。

项目概况

项目名称：浙江大学艺术与考古博物馆
建设地点：浙江大学紫金港校区西区
设计 / 建成：2011 年 / 2019 年
用地面积：33 985m²
占地面积：10 278m²
建筑面积：25 189m²
          地上 18 513m²，地下 6 676m²
建筑层数：地上 4 层，地下 1 层
绿地率：35%
项目投资方：浙江大学
设计单位：格鲁克曼 · 唐建筑师事务所
          Gluckman Tang Architects
合作单位：浙江大学建筑设计研究院有限公司
主创建筑师：格鲁克曼
合作建筑师：殷农、邝洋
摄影：赵强

■ 鸟瞰图

■ 东南侧透视

■ 主入口

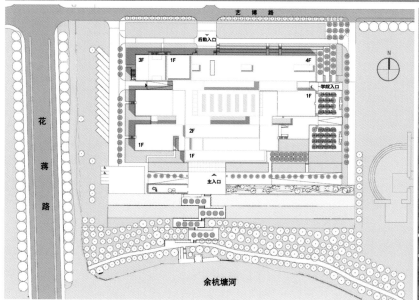
■ 总平面图

■ 区位图

项目亮点

设计理念

浙江大学艺术与考古博物馆作为浙江大学紫金港校区的重要建筑，是未来浙江大学重要校园形象的载体，艺术品展示和教学的重要活动场所。建筑创意独特，建筑外形沉稳厚重，立面风格现代，内部空间处理变化丰富，与校园环境充分交融，充分体现现代化的高校博物馆展示与教学相结合、内向与开放相结合的建筑设计理念。

功能特色

建筑形体：主体由三个横向（东西）的条状结构组成，三者又由若干纵向（南北）的廊道结为一体，设计结构侧重博物馆功能需求，风格简约、平实，有现代气息，造型与色彩很好地"隐"于天地之间。灰白色的外立面、四四方方的矩状外形及层级递增的设计，博物馆其貌不扬，含蓄内敛地静卧于河畔。

立面造型：建筑外立面设计受中国古代砖石建筑的启发，采用条形预制混凝土砌块，突出传统砌筑建筑的特色。混凝土砌块通过不同的表面肌理和砌筑的变化，赋予建筑超越传统的表达。外墙砖石与玻璃的结合，简洁而富有张力。入口广场设有现代感的平面水池，水池倒影博物馆厚重的体量，构成室内外空间环境的交流沟通。

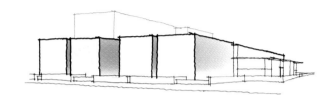

■ 室外构思草图

■ 内院透视

■ 学院入口透视

1. 大厅
2. 中央展厅
3. 常设展厅
4. 临时展厅
5. 藏品库
6. 报告厅
7. 艺术与考古学院
  门厅
8. 藏品维护区
9. 设备用房
10. 纪念品店
11. 咖啡厅
12. 导览室
13. 安检
14. 寄存
15. 贵宾室
16. 讨论室
17. 卸货区
18. 内院

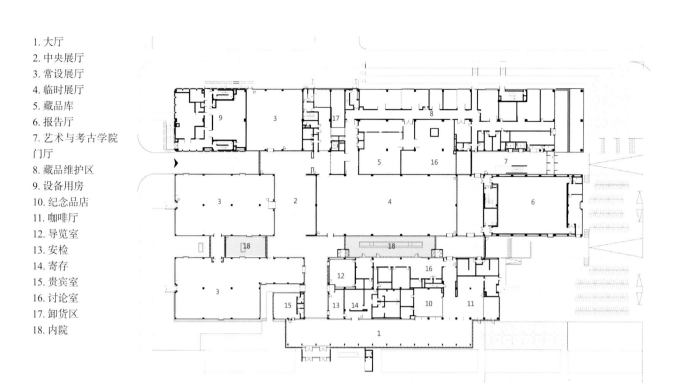

■ 一层平面图

20. 学院门厅
21. 前厅
22. 阅览室
23. 开架阅览
24. 研讨室
25. 善本书库
26. 设备用房
27. 屋面
28. 上空

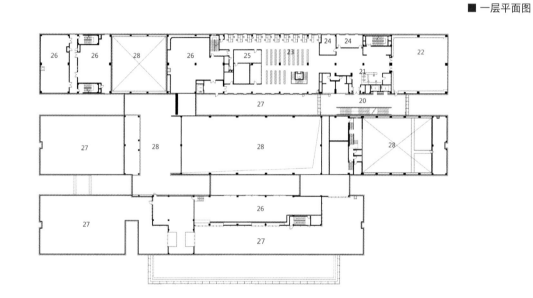

■ 二层平面图

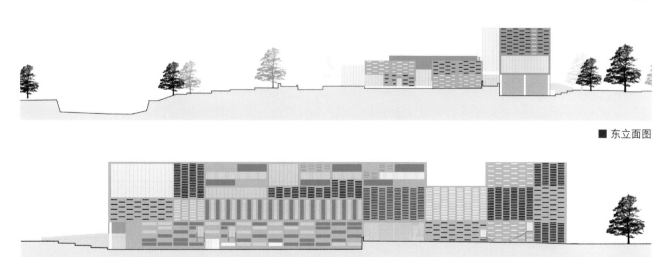

■ 东立面图

■ 北立面图

101

■ 中央展厅效果

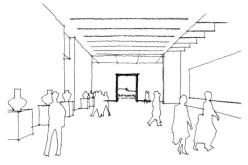

■ 室内构思草图

核心空间： 在艺博馆的设计中，有一个清晰的为艺术品而设的空间，包括陈列室、装卸货区、储藏与保存处。这允许艺术品在一个温度控制和保安空间中进行运输。为使艺术品运送到最高效率，艺术品区均位于艺博馆一层。公众可通过展厅以及一扇可观看维护实验室的窗户接近艺术品。学生、学者和贵宾还可通过学院大厅附近的学习室和教学展厅接近艺术品。两处主要的空间可直接被参观者看到和接近。一是位于南部的博物馆大厅和所有串联各展厅的中央公共空间。二是位于北部的学院大厅，垂直连接一至四层所有的学院教学办公区。两处空间均设有玻璃墙面，可使光照进入室内并提供向外的景观视野。

设备布置： 建筑设备用房被独立布置于西北角，发电机房、配电房、水泵房、锅炉房等所有的设备均布置于此，与艺博馆展示空间相隔离，最大限度地减少设备运行对展览的干扰。

展陈设计： 设计中尽量根据各区域展陈设计的基本布局要求，提供开敞的大空间，以提供尽量灵活的设计，适应不同展览的需求。各个展厅形成相对独立的展示单元，每个单元面积均不超过 1 000m²。本次设计对博物馆藏品空间进行了深入的研究，均进行了统一布置设计。

■ 常设展厅室内效果

■ 临设展厅室内效果

■ 中央展厅室内效果

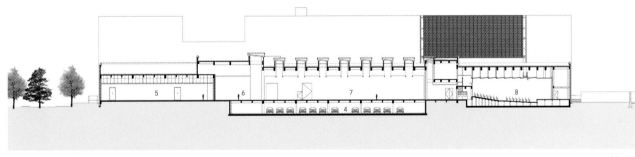

5. 常设展厅　6. 过厅　7. 临设展厅　8. 报告厅　　　　　　　　　　　　　　　■ 剖面图

项目使用情况

　　建成后全馆将分为两个功能区：博物馆区和学术区。博物馆区分布于第一层，包括四个功能不同大小有别的展厅、藏品库房、修复工作室与学术报告厅，是开展收藏、展览与教育项目的场所。此外设有商店与咖啡厅等，为参观者提供所需服务。学术区分布于第二层至第四层，由艺术与考古专业图书馆、艺术史专业教室、学者与职员办公室构成。高大的展厅具备灵活的展陈空间。常设展厅 1、2 柱网为 10m×10m 模数，常设展厅 3 和临设展厅为无柱大跨空间。高大的室内为展陈的提供了现在展览所需的灵活性。临设展厅引入屋顶自然采光，采用遮阳百叶和可动遮光膜相结合的形式，控制自然光引入的强度。

中国国际设计博物馆

CHINA DESIGN MUSEUM

葡萄牙 CC&CB,Arquitectos
中国美术学院风景建筑设计研究院总院有限公司

项目简介

    中国国际设计博物馆位于中国美术学院象山校区，由普利兹克奖得主、葡萄牙著名建筑师阿尔瓦罗·西扎（Alvaro Siza）设计。从筹备到落成，历经5年时间，它成为了国内第一个独立意义上的设计博物馆，全球不超过5个。博物馆总面积为1.68万 m²，除展厅外，还拥有儿童工坊、设计品商店、咖啡馆/餐厅和屋顶花园等，其中长期陈列的两个展览为以"以包豪斯为核心的西方现代设计系列收藏"为主的"生活世界——馆藏西方现代设计展"，以及"馆藏马西莫·奥斯蒂男装展"，立足生活原点，探究设计与生活的关系。

项目概况

项目名称：中国国际设计博物馆
建设地址：中国美术学院象山校区
设计/建成：2012年/2018年
建筑面积：1.68万 m²
建筑层数：四层
绿地率：35%
建设单位：中国美术学院
设计单位：
葡萄牙 CC&CB，Arquitectos
中国美术学院风景建筑设计研究院总院有限公司
主创设计师：阿尔瓦罗·西扎
            卡洛斯·卡斯塔涅拉

■ 建筑入口实景

■ 项目鸟瞰图

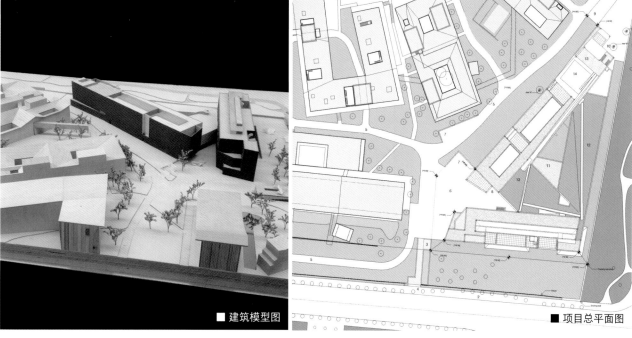

■ 建筑模型图

■ 项目总平面图

项目亮点

设计理念

契合了中国美术学院原有的狭长地带与建筑标准的红线设置，建立起一幢极简但同时又具有张力的博物馆。

集合了典型的"西扎式"的建筑语汇：简洁、纯粹、流畅的线条、几何元素。建筑的立面细部一贯以利落朴实元素呈现。

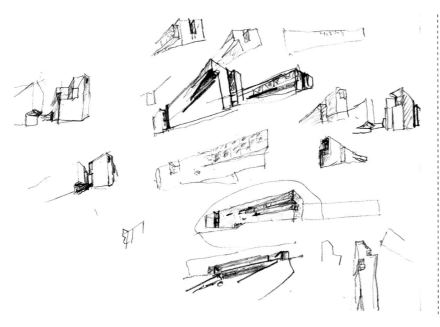
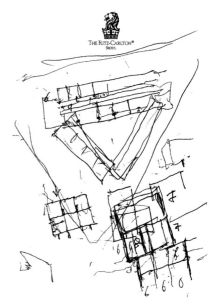

■ 构思草图

建筑风格与技术运用

建筑广泛采用引用自然天光方式进行采光，其中最有代表的是三层的两个展厅，白天屋顶采用电动百叶结合智能控制，可根据室外亮度自动条件亮度。当夜晚来临时，内部采用人工光，采用了 ZIG-BEE 调光技术，结合灯光控制，来连接白天与夜晚灯光的过渡，充分保证整个空间的亮度可控。

"以包豪斯为核心的西方现代设计系列"建筑整体呈现三角形布局，外观主色及材料为安哥拉红砂岩

辅以法国果黄砂岩，是西扎现代主义建筑风格和美学典型体现。内部是简洁、纯粹的白色，又充满方形和三角形的几何变化，充满了设计感。

它在功能处理上有分有合，关系明确，方便而实用；在构图上采用了灵活的不规则布局，建筑体型纵横错落，变化丰富。立面造型充分体现了新材料和新结构的特色，完全打破了建筑设计传统，获得了简洁而清新的效果。

■ 实景照片图

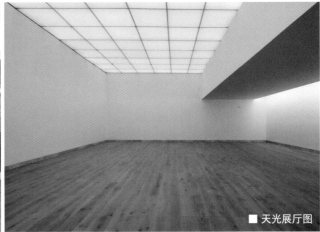

■ 天光展厅图

功能布局

博物馆在室内布局中强调的是游客流动的顺畅性，同时也让空间具有灵活的使用性。作为一所艺术学院，它主要是要能够展示学生和老师用不同的语言和技术开展的各项活动的成果，同时还能够作为一个接待客人的好场所。地下空间计划作为技术、档案和服务区域，还有一个咖啡厅直接连接到建筑中心的三角形庭院。它的上面是一楼，包括入口、公共空间和休息区，另外还有分配空间，临时展厅和礼堂。夹层也可以自由走动，并有一条坡道通往东面体量上方的屋顶花园。顶层是包豪斯藏品系列的永久展厅。朝南体量的上层有行政区域、青年艺术家工作室和一些基础设施。整体布局上契合了学院原有的狭长地带与建筑标准的红线设置，建立起一幢极简但同时又具有张力的博物馆。

1. 临时展厅 01
2. 临时展厅 02
3. 临时展厅 03
4. 临时展厅 04
5. 临时展厅 05
6. 多功能厅
7. 报告厅
8. 大厅
9. 书籍陈列
10. 庭院

■ 一层平面图

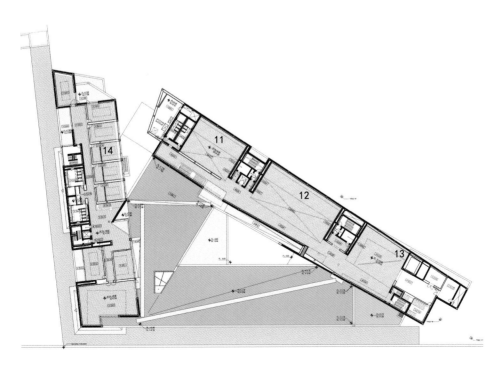

11. 展厅 1
12. 展厅 2
13. 展厅 3
14. 办公室

■ 二／三层平面图

项目使用情况

借鉴价值

西扎的作品，简单到极致，却又充满质感，天光和人工模拟光在其中成为建筑的另一种表情。他力图用简洁的形式表现建筑内在的丰富性，基于重视细部、重视建筑与人的亲和性基础之上的对建筑"简约"的追求。在他的作品中，我们看到简洁、实用、注重材料、结构和肌理的表达，这种全方位的探索建筑和室内展陈空间关系的作品，以及在最终呈现的开阔的展陈空间，对国内相当一段长时间内的展览类空间设计都是一个重要启发。

环境效益

博物馆的设计采用大量的质朴材料，避免了重复的装修材料污染。建造过程中，遵循最低消耗原则，如设计了专业的天光展厅独特的顶面设计为展厅提供照明，通过电动百叶攫取自然采光，降低能源损耗；大量线性灯槽设计使得展厅见光不见灯，有效避免眩光干扰。

社会效益

2018年4月，中国美术学院象山校区中国国际设计博物馆迎来了"首批观众"，40余家电视台、报纸、杂志、网络媒体记者在来自意大利、德国、中国的多位策展人的带领下，深度游览了这座中国首个具有西方现代设计原作系列收藏的博物馆。

博物馆开馆到目前为止，已经举办了多次具有世界影响力的展览。其中最重要的常设展是"以包豪斯为核心的西方现代设计系列收藏"，作为储存包豪斯思潮重要作品的专业展览机构，为国内研究包豪斯与现代设计艺术的发展提供了翔实的实物资料。

■实景临时展厅图

■实景展厅图

■实景走道图

■实景大厅图

中国美术学院民艺博物馆

CRAFTS MUSEUM OF CHINA ACADEMY OF ART

隈研吾建筑都市设计事务所
中国美术学院风景建筑设计研究院总院有限公司

项目简介

　　中国美术学院民艺博物馆坐落于杭州市中国美术学院象山校区内，由日本著名建筑师隈研吾设计。它以中国传统物质文化、设计思想为收藏、展示和研究对象，致力于中国手工艺文化的承继、活化和再生。在全球语境中，重建东方设计学体系和文化生产系统，以此滋养当代中国人的生活，传播中国美学价值和文化精神。博物馆占地面积约 16.35 亩，建筑面积 5 000m²。建筑立面采用专门定制的瓦片，固定在交织的不锈钢丝上。这样的立面帮助控制外部视野，并形成了有趣的室内光影效果。整栋建筑采用了瓦片、石材等元素，巧妙搭配而成，亲近淳朴之感呼之欲出。这栋建筑本身就是一件简约不简单的艺术展品。

项目概况

项目名称：中国美术学院民艺博物馆
建设地址：中国美术学院象山校区内
设计建成：2015 年
用地面积：16.35 亩
建筑面积：5 000m²
建筑层数：一层（不同标高）
绿地率：37%
建设单位：中国美术学院
设计单位：隈研吾建筑都市设计事务所
合作单位：中国美术学院风景建筑设计研究院
　　　　　总院有限公司
主创设计师：隈研吾
合作设计师：小嶋伸也

■ 鸟瞰图

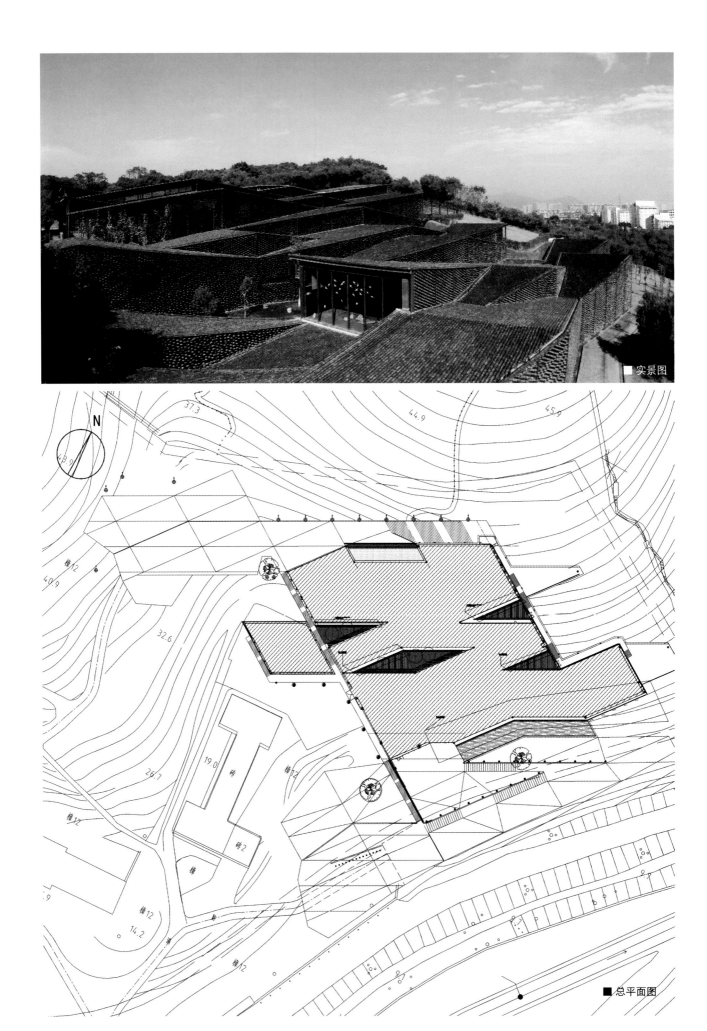

■ 实景图

N

■ 总平面图

项目亮点

设计理念

"不去动山的斜面，而是就着斜面去建造建筑。顺着这个方向研究，最终涌现在我脑海中的是菱形纹样，让水平线产生了变化，制造出了流动的展示空间……"隈研吾所打造的这座建筑贯彻了他的"负建筑"理念，新建的民艺馆有机地融入了场地的山水环境之中。

博物馆形态与倾斜的地形相结合，对自然并没有一种侵入感。相反，菱形的建筑形态，创造了流动的展览空间，而交替变换的层高和空隙，则将参观者带到被自然景观包围的户外区域。远眺民艺馆，层层叠叠，宛如茶田隐没在自然风光优美的山间，充满古风的瓦片和石材被规则地构建在绿树之中，质朴而富有禅意。

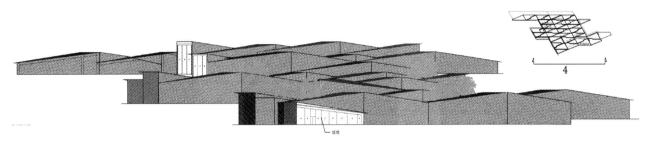

■ 建筑立面图

建筑元素

通过高低错落的展示空间，试图探索人与艺术，人与自然的全新关系。建筑设计没有抹去原有场地特点，而是遵循山势变化进行创作。"瓦"是这座建筑最为显著的设计元素。这些瓦片全都为专业定制品，被灵活地运用于建筑屋顶、建筑中庭地面及建筑立面。瓦在建筑屋顶的使用，很好地回应了周围场所环境，营造出了小型村落的意境。建筑玻璃幕墙之外的丝网结构将一片片瓦如鳞片一样悬挂在半空，在彰显地域历史特点的同时，营造出轻盈而通透的现代感。这不仅构成外部独特的视觉效果，也为内部创造了戏剧性的光影变化。建筑设计意在利用当地原生的建筑材料，让建筑从茶园基地土壤中生长出来，成为真正的匠人建筑。

■ 主入口幕墙图

功能特色

顶面造型：设计以平行四边形为基本单元，通过几何手法的分割和聚合来处理错综复杂的地形，每个单元都有独立的屋顶，在外观上唤起人们记忆中鸟瞰村庄时青瓦连绵的景象，不锈钢索锚固着的瓦片构成外墙的表皮，起到控制室内光照的作用，建筑屋顶和外墙表皮使用当地传统房屋上大小不一的瓦片，无数块瓦片用不锈钢钢丝串联起来，形成独特的建筑外墙，建筑与环境完美地融合在一起，被悬挂飘浮在墙上的瓦片，营造出奇妙的光影效果，屋顶和立面的瓦片是整个建筑的主角。

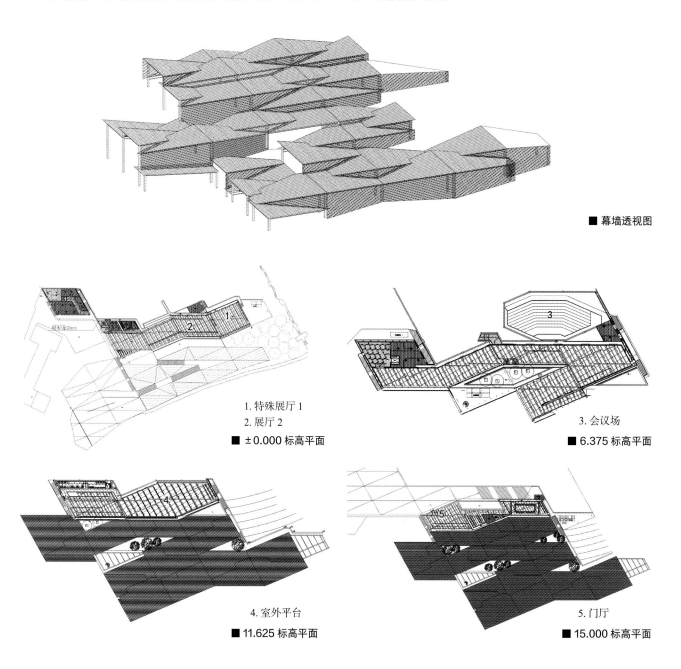

■ 幕墙透视图

1. 特殊展厅 1
2. 展厅 2
■ ±0.000 标高平面

3. 会议场
■ 6.375 标高平面

4. 室外平台
■ 11.625 标高平面

5. 门厅
■ 15.000 标高平面

功能区域：原场地本是一座山坡上的茶园。设计的初衷是要建造一座可以从地面上感知得到的博物馆。建筑远看给人感觉体量庞大，实则整体建筑依山而建，生在山野，隐于自然，与周围的环境浑然天成一般。项目设计根据不同功能分区，通过巧妙的设计，把每个独立的空间联系起来。

博物馆专业设计：在设计空间布局时，博物馆展陈设计是一个完整的系统，需要把它当作一个整体，依据观众的特征，再按照展品特点的基础上进行设计。在博物馆展陈设计系统中，其重要的三个组成部分就是观众、文物展品和展陈空间。要想提高空间布局的有效性，就要明确这三个部分之间的关系。这三个部分相互作用、相互制约，综合考虑它们的影响，可以增强设计的效果，从而带给观众畅快的审美感。

■ 实景展厅图

■ 实景走廊图

■ 实景会议场图

■ 实景展厅图

环境效应

建筑外立面所用的瓦片因为要防风、防水、求稳固，每一砖瓦片都是用不锈钢钢丝串联起来，它们有接近的大小和厚度。外墙上的瓦随机分布，上密下疏，室内的光线由外界光线照射而来，地上的光影就像湖水的粼光。建筑的屋顶成菱形交错，与室内用大斜坡取代的楼梯里外贯通呼应，像很多块大瓦片放在大自然中。入口处设置大面积水景，室内空间透过瓦片幕墙在水中形成倒影，形成一道优美动人的风景，水与建筑交融的美丽景致让人心旷神怡，仿若置身仙境之中，让人流连忘返。

项目使用情况

借鉴价值

博物馆展览空间是个"整"的空间，是一个流线型的通道，从下到上一览无余，中间没有任何隔断。怎么有效分割这个空间？建筑师用了廊道的办法。"廊"是古代中国人连接不同居住空间的重要环节，建筑师设置了四个廊道，行人通过相对空间狭小的廊道后有豁然开朗的感受。外立面通过一块块瓦片的隔离，半透明的建筑立面帮助控制外部视野。

社会效益

2015年9月20日，中国美术学院民艺博物馆开馆，开馆后的民艺博物馆以中国传统物质文化、设计思想为收藏、展示和研究对象，集收藏、展示、研究、教学、传习于一体，面向校内外、国内外开展研究、展示传统生活之美，致力于中国手工艺文化的承继、活化和再生，在全球语境中，重建东方设计学体系和文化生产系统，以此滋养当代中国人的生活，传播中国美学价值和文化精神。

■ 实景展厅

杭州师范大学仓前校区弘丰中心

HONGFENG RESEARCH INSTITUTE OF HANGZHOU NORMAL UNIVERSITY（CANGQIAN CAMPUS）

浙江大学建筑设计研究院有限公司

项目简介

　　杭州师范大学是一所多学科协调发展的地方综合性大学。学校前身可追溯到创建于1908年，全国六大高等师范学堂之一的浙江官立两级师范学堂，1978年经国务院批准建立杭州师范学院，2000年前后杭州教育学院等五校相继并入，2007年学校更名为杭州师范大学。

　　杭州师范大学仓前校区位于浙江省杭州市余杭区仓前街道，总占地面积约216.7万 m²，总建筑面积约220万 m²。弘丰中心属一期工程，位于校区北侧，紧邻余杭塘河岸边，规划用地面积16 700m²。

　　弘丰中心成立于1997年，旨在深化弘一大师和丰子恺研究，弘扬两位大师的人格精神和艺术精神，原址位于杭州师范大学文一路校区内。

　　本工程将原校区弘丰中心（即福慧阁和四面厅）复原在现有场地中，另新建陈列、会议、办公、库房等。项目总设计概算为1 854万元，工程从2012年3月开工到2013年4月竣工，历时约1年。

项目概况

项目名称：杭州师范大学仓前校区弘丰中心
建设地点：浙江杭州
设计／建成：2010 年／2013 年
总建筑面积：2 454m²
　　　　　　地上 1 706m²，地下 748m²
建筑层数：地上 2 层，地下局部 1 层
建筑密度：11.3%
容积率：0.15
项目投资方：杭州师范大学
设计单位：浙江大学建筑设计研究院有限公司
主创设计师：余健、高媚琼、章忠民

■ 鸟瞰图

项目亮点

整体设计

"以古为核"，以复原的古建筑为核心，设计中把杭州师范大学（文一路校区）约 150m² 的弘丰中心（即福慧阁和四面厅）复原在现有场地中，对于其前场水系景观也基本按照原场景设计。为了保证建筑结构选型与建筑造型的统一，把原弘丰中心的混凝土结构改为木结构形式。新建建筑则采用现代形式，以古建筑为"图"，以新建筑为"底"，主次分明，图底关系明确，恰如展品（古建筑）与展柜（新建筑）的关系。如此则整组建筑更加强烈地烘托出弘丰中心的文化性和历史感，同时又体现出"与时俱进"的现代气息。

功能布局

本项目在功能上由四个主要区域组成，四个区域以中心的景观庭院为核心。各个院落之间通过院墙高低错落的设计，增强建筑和院落空间之间的对话以及与环境的渗透。

东侧的公共区包括一层的陈列厅，会议厅（会议厅可容纳 120 人）、二层的茶室和面对余杭塘河的观景平台。南侧的古建筑复原区包括 1 层高的四面厅和 2 层高的福慧阁。西侧为文献库房区。北侧为办公区和创作区。公共区相对开放，其他三区相对内向。彼此之间可用院墙进行隔断，独立成区，方便管理，保证了办公区的私密性。

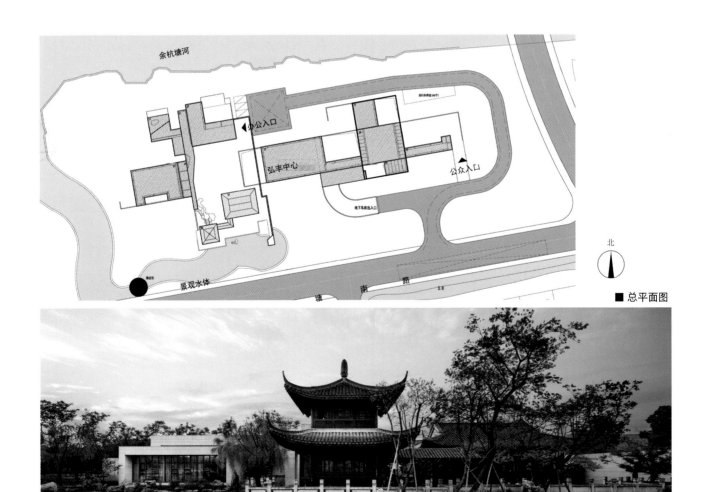

■ 总平面图

■ 庭院实景

景观设计

　　本项目景观设计，以复原的古建筑为核心，利用文化墙、展廊、庭院等基本元素进行空间围合，重点塑造园林化的空间形态，利用水系、假山、古树等景观元素营造整组建筑的历史文化氛围。同时，为了体现弘丰中心的传承性，将原校区内的宽祜园石、弘一法师丰子恺雕像，福慧阁后的假山和水池中的石马都复原至新建的弘丰中心，作为园林中的小品和入口的标志，并将名人题词，字画等元素融入建筑中，突出弘丰中心的研究特色。

细节处理

　　新建筑整体造型舒展，尺度宜人，色彩以黑白灰为主，形成国画的明暗关系。院墙的立面采用灰白色花岗岩幕墙，用现代的设计手法来表现园林建筑的"粉墙黛瓦"。门窗设计以玻璃幕墙为主，局部采用古典园林中的冰裂纹饰。局部外墙采用青石墙面，题刻弘一法师和丰子恺的字画作品，形成独特的文化墙。

■院墙实景

■院墙实景

■庭院实景

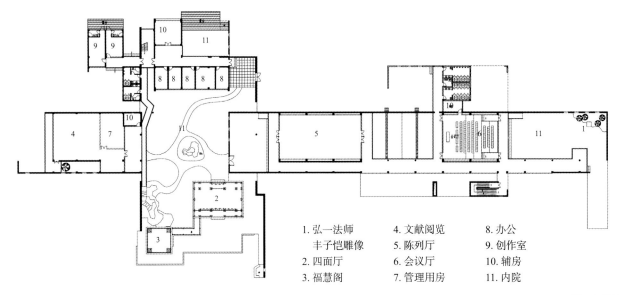

1. 弘一法师
   丰子恺雕像
2. 四面厅
3. 福慧阁

4. 文献阅览
5. 陈列厅
6. 会议厅
7. 管理用房

8. 办公
9. 创作室
10. 辅房
11. 内院

■ 一层平面

■ 游廊实景

■ 四面厅实景

■ 游廊实景

项目使用情况

项目建成后，成为杭州师范大学校园"弘一法师—丰子恺研究中心"进行日常研究办公，是开展各类学术交流的重要场所。弘丰中心的学术报告厅经常举行中国文化、美育、艺术教育，开展丰富多彩的文化艺术活动，弘扬两位大师的艺术精神，为学校的精神文明增添一抹亮彩。

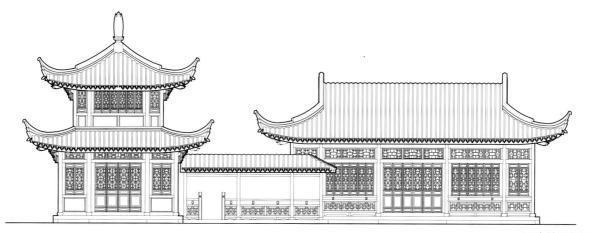

■ 宽祐园南立面

■ 次入口实景

安徽大学艺术与传媒学院美术馆

ART MUSEUM OF ARTS AND COMMUNICATIONS COLLEGE OF ANHUI UNIVERSITY

同济大学建筑设计研究院（集团）有限公司

项目简介

　　安徽大学艺术与传媒学院是整合全省优质艺术类高等教育资源，经安徽省人民政府 2013 年 12 月批准成立的独立设置、独立管理的安徽大学二级学院。2018 年以此为基础，申报独立设置的安徽艺术学院。学院位于合肥市新站区高教基地，按远期全日制在校生 3 000 人的规模进行规划建设，占地 556 亩。校园规划及建筑体现徽派元素和建筑风格，拥有与艺术高等教育相适应的一流设施设备，以及剧院、音乐厅、美术馆、大师工作室以及戏剧戏曲、舞蹈、音乐、美术设计、播音主持专业教学楼等教学场馆。

　　安徽大学艺术与传媒学院美术馆位于学校中心湖畔，自然景观非常优越。建筑东侧临现有校园教学区，北侧与美术楼隔湖相望，南侧与演艺中心隔路相邻。美术馆建成后将作为校园美术作品展示和对外交流的重要场所。

　　美术馆地上二层，地下一层，建筑高度 15.90m。总建筑面积为 9 314.34m²，其中，地上建筑面积为 6 003.54m²，地下建筑面积为 3 310.80m²。一层设主门厅、中央大厅、展厅、配套办公及滨水咖啡吧，二层均为展厅，屋顶部分设室外展场，地下一层设下沉庭院、辅助门厅、报告厅、临时展厅、多媒体展厅以及库房和设备用房。

项目概况

项目名称：安徽大学艺术与传媒学院美术馆
建设地点：安徽合肥
设计：2012 ~ 2015 年
用地面积：5 437m²
占地面积：3 142m²
建筑面积：9 314.34m²
　　　　　地上 6 003.54m²，地下 3 310.80m²
建筑层数：地上 2 层，地下 1 层
绿化率：校园整体平衡
项目投资方：安徽大学艺术与传媒学院
设计单位：同济大学建筑设计研究院（集团）
　　　　　有限公司
主创建筑师：王文胜
合作建筑师：陈强
结构形式：地下钢筋混凝土框架结构
　　　　　地上钢框架结构
项目所获奖项：
2014 年同济大学建筑设计研究院（集团）有限公司建筑创作奖

■ 鸟瞰图

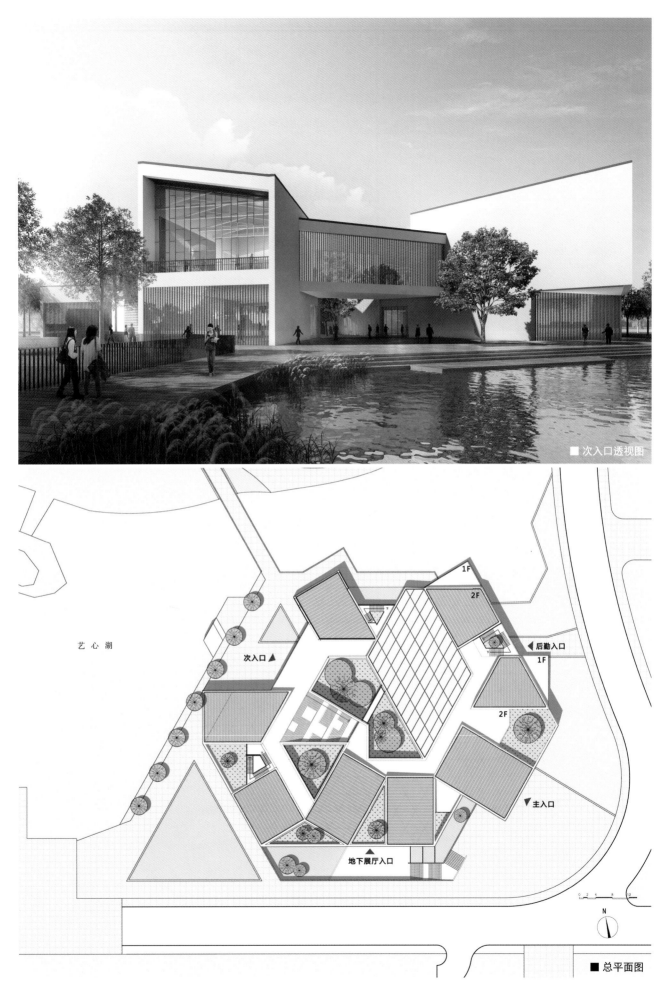

■ 次入口透视图

艺 心 湖

次入口 ▲

后勤入口 ◀

1F

2F

1F

2F

▲ 主入口

▲ 地下展厅入口

N

■ 总平面图

项目亮点

新徽派 "艺术聚落"

设计延续校园总体规划的理念，体现和发扬徽派艺术特色。将建筑体量打散分化为若干个展厅，并将各展厅通过搭接、串连、偏转的重构方式形成新的整体。错落有致的黑色单坡屋顶、干净利落的白色墙面和温暖朦胧的木质格栅，共同营造出独特的新徽派"艺术聚落"。

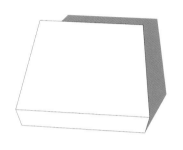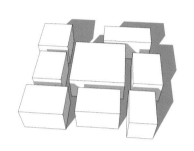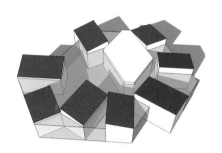

■ 概念分析：艺术聚落

艺术与自然的交融

设计强调室内外空间的交融，二者呈现时隐时现的渗透关系，实现建筑与自然的共存。

平面采用六边形环状布置，以中心景观内院和中庭为核心，周边环绕布置大小展厅。首层展厅平行的墙面，如"取景框"般吸纳周边的自然景观，自然在此成为一道迷人的风景。各展厅之间插入各类庭院，9个庭院或敞或闭，或大或小，或高或低，或深或浅。庭院既是人与自然交流的媒介，也是控制参观节奏的空间容器。各展厅串联形成连续的参观路径，徜徉在艺术和自然交织的氛围中，体味如园林中游走的意境。二层展厅可通过阶梯状室外展场通往开阔的屋顶，周边美景在此一览无余。

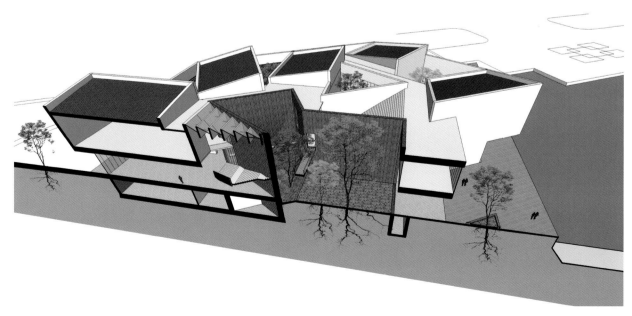

■ 概念分析：自然交融

■ 主入口透视

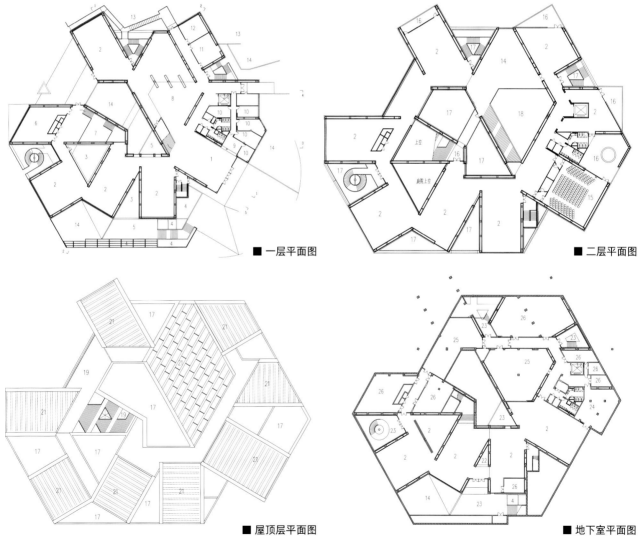

■ 一层平面图

■ 二层平面图

■ 屋顶层平面图

■ 地下室平面图

1. 门厅	4. 花坛	7. 休息平台	10. 办公	13. 室外湖面	16. 室外平台	19. 屋顶平台	22. 服务台	25. 库房
2. 展厅	5. 下沉庭院	8. 中央大厅	11. 创作室	14. 交流平台	17. 庭院上空	20. 坡屋面	23. 下沉庭院	26. 设备用房
3. 屋顶庭院	6. 咖啡吧	9. 接待	12. 会议室	15. 报告厅	18. 中庭上空	21. 采光顶	24. 后勤用房	

■ 室内中庭透视图

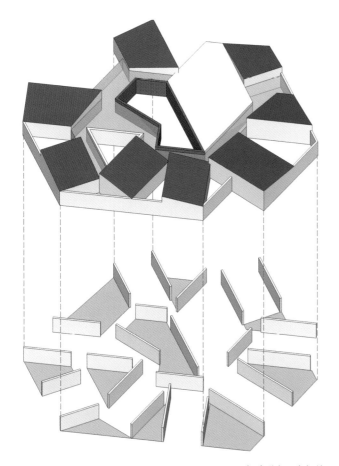

■ 概念分析：内与外

墙体——"内敛与外向"

墙体既是承重的结构体，展陈布置的媒体，也是空间塑造的载体。

首层将片墙作为主要元素，各墙体相互脱开，呈现出通透、流动的空间效果；二层用"墙"作为纽带，将各个展厅联系、围合成一个整体。首层的外向通透与二层的内敛封闭产生矛盾的反差，最终形成一种"上实下虚，似分似合"的暧昧关系。内敛的外表反而引起人们探索内部的欲望；西侧临水突然将内院向外部敞开，似乎由沉静转向激昂。

结构——"约束与自由"

建筑在 60° 的 3 向网格控制下，各个墙体有着严密的几何关系；最终却又呈现自由随机的状态。地上建筑采用钢结构，地下采用钢筋混凝土结构。以 4m 网格控制，各展厅跨度 11～15m。中央大厅跨度 22m，采用钢桁架结构，每一跨之间设钢支撑联系。二层坡屋顶采用三角形钢桁架并暴露于室内，希望用现代的方式演绎传统木构建筑的意向。

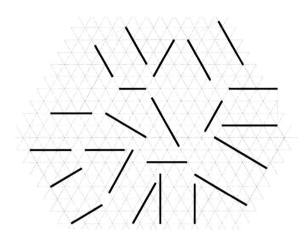

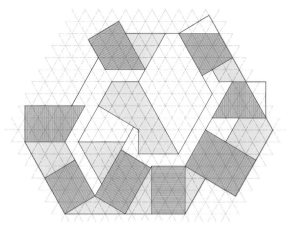

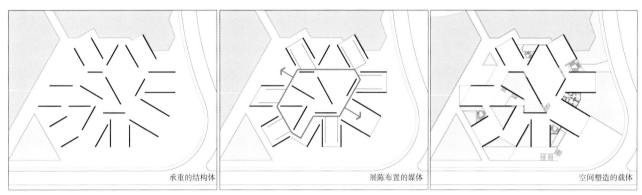

承重的结构体 展陈布置的媒体 空间塑造的载体

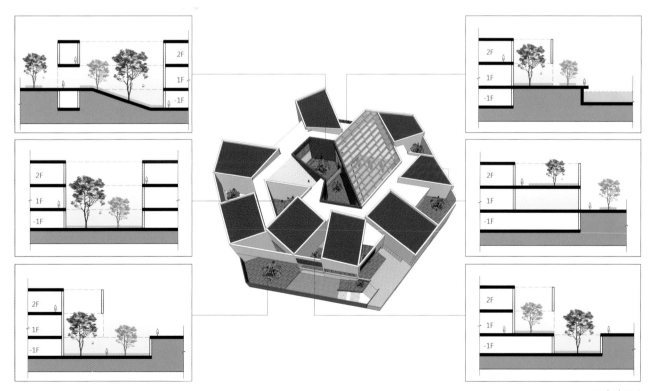

　　内部设有 9 个庭院，或敞或闭，或大或小，或高或低，或深或浅。庭院既是人与自然交流的媒介，也是控制参观节奏的空间容器。

■ 室内中庭装饰效果图

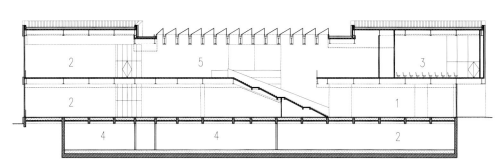

■ 1-1 剖面图

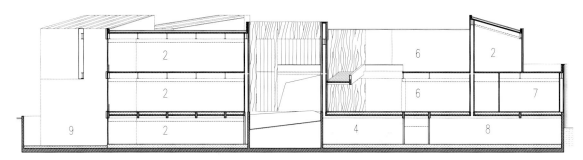

1.门厅　2.展厅　3.报告厅　4.库房　5.交流平台　6.中央大厅
7.会议室　8.设备用房　9.庭院　10.办公　11.咖啡吧　12.后勤用房

■ 2-2 剖面图

项目进展及未来展望

截至目前，安徽艺术学院美术馆已完成地下室施工，预计项目近期将建成使用。

安徽艺术学院校区建设属于安徽省重点项目，美术馆的建设也受到社会各界的关注。学校将认真贯彻省政府指导精神，争取早日按质完成，未来也有望成为服务于合肥市东北片区及所处高教园区的艺术展示中心。

山东大学青岛校区博物馆

MUSEUM OF SHANDONG UNIVERSITY (QINGDAO CAMPUS)

山东建大建筑规划设计研究院

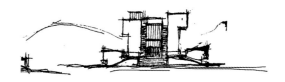

项目简介

　　山东大学青岛校区位于美丽的黄海之滨，即墨市鳌山卫镇，距即墨市 15km，距青岛市中心 45km，东侧邻近黄海，区位优越，交通便捷，景色优美。

　　校区规划呈现出"双轴五节点"的空间格局："双轴"是指由西侧主入口向东形成的东西向主轴线，以及由贯穿校区南北向的主轴线，各个轴线既相互独立，又密切联系，共同构成了校园的结构骨架；"五节点"是指学校西主入口、中心广场、图书馆、学生会堂、博物馆五个位置的开敞空间。

　　青岛校区博物馆位于南北向主轴的重要节点位置，作为精神文明的教育基地，本案应建设成为校园的标志性建筑。同时作为山东大学青岛校区的启动工程，其建筑造型特色具有体现山东大学校园风貌的里程碑意义。

项目概况

项目名称：山东大学青岛校区博物馆
建设地点：山东青岛
设计 / 建成：2012 年 / 2016 年
用地面积：43 302m²
占地面积：14 160m²
建筑面积：40 800m²
建筑层数：5 层
绿地率：45.5%
项目投资方：山东大学
设计单位：山东建大建筑规划设计研究院
主创建筑师：王润政
设计团队：吴蔚迪、李冬、安俊贤、吕玉香
结构形式：钢筋混凝土框架结构
项目所获奖项：
2017—2018 中国建筑设计奖 建筑创作类优秀奖；
2017 年度全国优秀工程勘察设计行业奖二等奖；
第九届中国威海国际建筑设计大奖赛优秀奖；
2017 年度山东省优秀工程勘察设计成果一等奖

■ 东北向实景图

■ 北侧透视

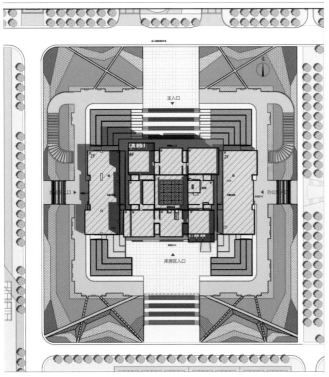
■ 总平面图

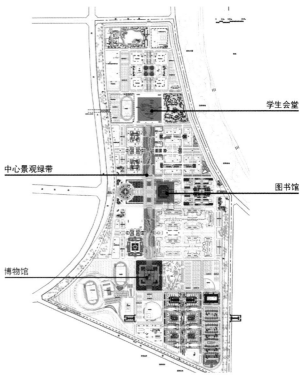

学生会堂

中心景观绿带

图书馆

博物馆

■ 区位分析

■ 西北透视

■ 东南透视

■ 东南透视

项目亮点

设计理念——"鼎"承古今

山东大学是一所历史悠久，誉满海内外的百年名校，有着深厚的文化积淀。山东大学考古学作为山东考古中坚力量，在发掘山东古老文明的道路上发挥着无与伦比的巨大作用。山东大学有蒋维崧等书画名家，他们治学勤奋，学识渊博，在古文字学、书法、篆刻、绘画等艺术领域达到了极高的层面，为我们留下了丰富的文化财产。山东大学汲取齐鲁文化营养，秉承学术自由、兼容并包的办学理念，形成了博大精深、历久弥新的文化底蕴，奠定了"文史见长"的学术特色。

鼎被视为国之重器，是国家和权力的象征。同时也被赋予"显赫""尊贵""盛大"等引申意义。它是我国青铜文化的代表、文明的见证。汉字中的"鼎"字虽然经过了甲骨文、金文、小篆、隶书等多次演变，但仍然保留着其象形文字的风范和形体特点，其物其字融为一体。

建筑造型由"鼎"字的形体特点抽象变化而来。以简洁方正的体块为主体，在四个立面顶部出挑同样方正的建筑形体，整个建筑形成了一种鼎力向上的趋势；同时围绕中庭，将建筑形体按照九宫格的方式划分为九个建筑体块。从人视点望过去，建筑形体简洁、大气，厚重的体块感，传达出其本身厚重的文化内涵。在中国古代的品级定制中，天子为九鼎，九为尊，"九"体现了尊贵的极致，将形体划分为九个建筑体块，寓意博物馆在整个校区的重要地位。

■ 局部透视

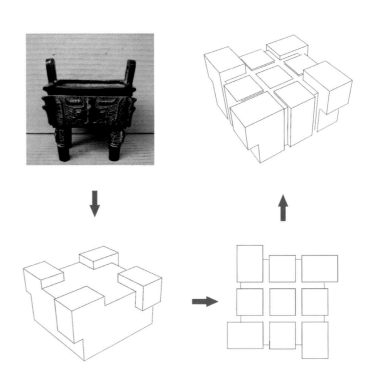

■ 体块——抽象的鼎

■ 局部透视

立面特色之青铜与竹简

我们在建筑立面材料的选取上，采用铜板作为四个出挑建筑形体的主要外立面材质。由于其高抗腐蚀、易于加工的特性和它独特、自然的外观效果，使得铜板非常适用作幕墙材料。同时将历史悠久、工艺精湛、技术娴熟的青铜文化融入到建筑立面的设计中，赋予了建筑深厚的文化内涵，也是一种建筑文化的体现。

幕墙设计上，采用特殊定制的880mm×2 000mm的铜板，通过不锈钢拉铆钉与骨架来进行固定。另外，我们将铜板做了一个内凹的造型处理，然后通过铜板的拼接，来实现竹简的造型肌理，并在铜板上篆刻临沂银雀山出土的《孙子兵法》竹简文物上的原版文字，充分将竹简元素运用到立面设计中，强化博物馆的造型特质。

■ 东侧透视

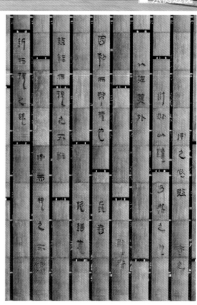

■ 铜板幕墙细部效果

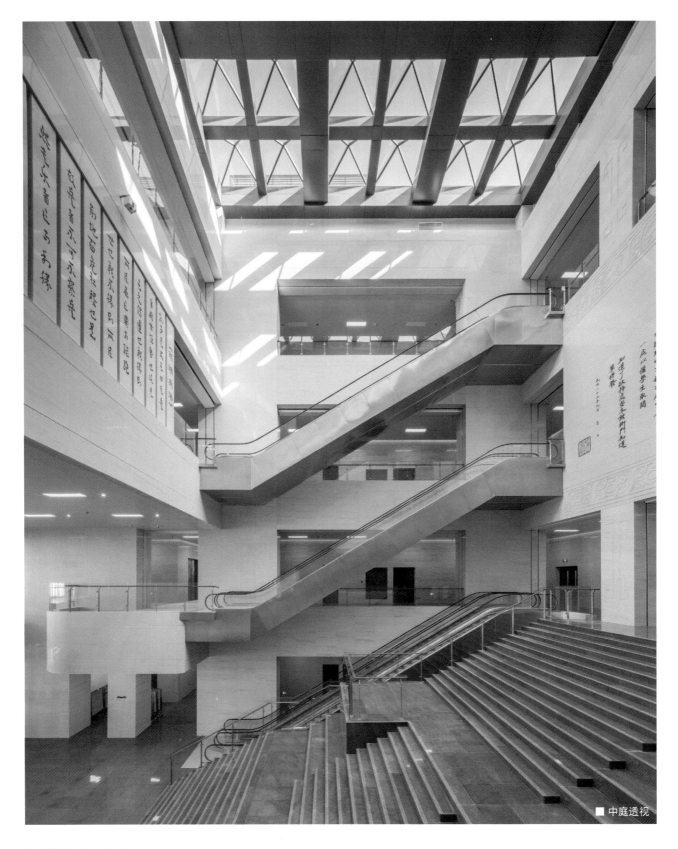

■ 中庭透视

室内设计之文化中庭

博物馆的中庭设计中，既保持山大的文化内涵，又创造学生活动交流的空间。设置拾级而上的台阶，时而紧凑时而舒缓，时而穿行时而停留，学生们既可以把台阶作为一个交通疏散的通道，也可以在台阶上休息、学习以及交流。任何有益于激发学生交流活动的场所，都应该被创造和保留。

台阶顶部的方鼎造型背景墙融入山大文化元素，营造一个富含文化气息的氛围。背景墙以青铜器纹样作为辅助装饰，引用了清光绪年间的山东省试办大学堂章程，延续建筑设计的理念。

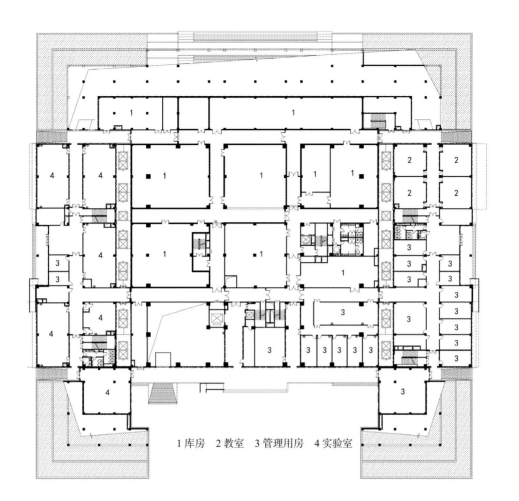

1库房　2教室　3管理用房　4实验室

■ 一层平面图

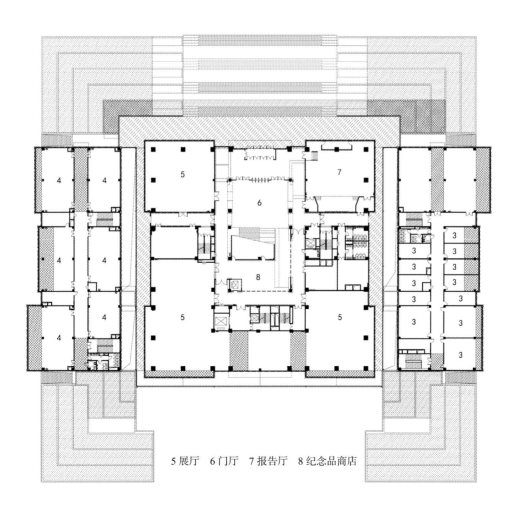

5展厅　6门厅　7报告厅　8纪念品商店

■ 二层平面图

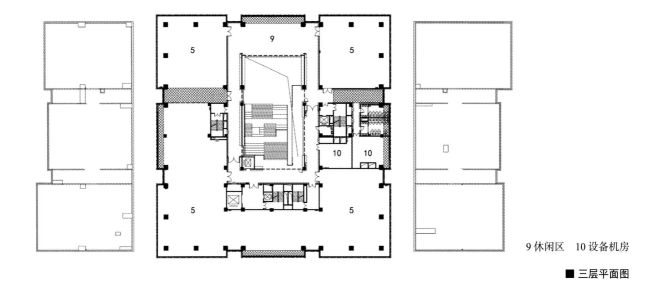

9 休闲区　10 设备机房

■ 三层平面图

功能设计

博物馆位于校园主入口轴线的南侧，与学生会堂位置相对。博物馆的主体高 6 层，为各类型展厅及公共活动空间。两侧裙房为两层，西侧实验区，布置了各类型考古实验室，东侧办公区，布置办公室及教室。博物馆参观路线是由北侧大台阶直接到达二层平台，进入博物馆主门厅。环绕一个五层通高的中庭四周布置开放式的展览空间和公共活动空间，中庭设计了拾级而上的大台阶，学生们既可以以此作为一个交通疏散的通道，也可以在台阶上休息、学习以及交流。

博物馆的一层为库房、设备机房等对内服务的功能房间，主要由南侧一层及北侧东西两边的入口进入，藏品通过货梯进行垂直输送。地下一层主要功能为车库、部分库房、设备机房和一个两层通高的室内发掘实验室。其中室内发掘实验室通过固定升降机由一层进入。

实验区、办公区、库房的流线及参观路线通过合理的功能分区，得到了有序的组织。

技术特色

该博物馆以"鼎、青铜、竹简"为文化意象，造型由"鼎"字的形体特点抽象变化而来。以简洁方正的体块为主体，在四个立面顶部出挑同样方正的建筑形体，整个建筑形成了一种鼎力向上的趋势。在建筑立面材料的选取上，采用铜板作为四个出挑建筑体块的外立面材质。这个选材也是把技术娴熟的青铜文化融入到建筑立面中的设计一种设计手法。幕墙设计上，采用特殊定制的铜板，通过不锈钢拉铆钉与骨架来进行固定。另外，把截面经过内凹处理的铜板进行拼接，来实现竹简的造型肌理，把历史传承下去，是一种传统文化的现代化表述。

项目使用情况

综合效益

在红瓦绿树的校园环境中，以绝对的高点、厚重的体量、白色的立面材质营造与周边的反差，在欧式格调中，以超现代的风格塑造自身与校园的时代性，此外，通过大台阶、活动广场等塑造近人尺度。

在设计中采用新技术、新材料、新设备，贯彻执行节约资源和保护环境的国家技术经济政策，为师生提供健康、适用和高效的使用空间。立面幕墙设计中融入竹简理念，使得建筑新颖别致，富有历史感。

黑龙江大学文博馆

MUSEOLOGY MUSEUM OF HEILONGJIANG UNIVERSITY

哈尔滨工业大学建筑设计研究院

项目简介

"兴安龙江,山高水长。巍巍上庠,气象泱泱。作育英才,振翮远翔。弦歌不辍,刮垢磨光。格致穷理,唯实是尚。人文精神,以张以扬。"

——黑龙江大学碑铭

黑龙江大学(Heilongjiang University)70 年校庆之时,新校史馆——文博馆正式落成。而这句凝聚了黑龙江大学革命传统文化和人文精神的碑铭,赫然镌刻于黑大文博馆主立面之上。文博馆以其庄重内敛的气质,隐意于形的外观,触动着观者的神经,激起人们的共鸣。而这座贴切反映黑龙江大学历史风貌的建筑,也担任起展示学校发展历程的重任。

项目概况

项目名称:黑龙江大学文博馆
建设地点:黑龙江大学
设计 / 建成:2005 年 / 2010 年
用地面积:21 500m²
建筑面积:22 000m²
建筑层数:地上 5 层,地下 1 层
绿地率:39%
容积率:0.82
建筑密度:21.3%
项目投资方:黑龙江大学
设计单位:哈尔滨工业大学建筑设计研究院
主创建筑师:鲍鲲鹏、苗业
结构形式:框架 + 剪力墙
项目所获奖项:
2017 年度院优秀工程设计(综合)奖

鸟瞰图

■ 建筑南向外观

■ 建筑南向外观

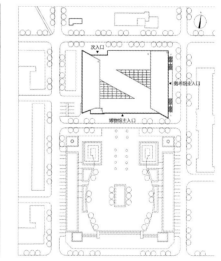
■ 总平面图

项目亮点

定形体于整体

所谓校史馆，是一个承载了学校创设、变迁、发展的场所，是校园文化的载体，传承着永续的精神财富，与校园文化密不可分。

校方对校史馆最初的设计构想，是建造一座能够体现历史沉淀感、具有浓郁传统文化气息的"院落式"仿古建筑。然而，在对校园的实地考察中发现，校园现有的建筑风格及体量与仿古建筑的想法有着强烈的冲突。除此之外，博物馆在采用院落式空间后，会产生很多无法解决的问题。诸如空间局限性、交通流线过长、建筑体形系数过大以及不符合寒地建筑设计规范等，这些特点会给建筑本身带来诸如不利于展品摆放、人员管理混乱以及浪费能源等重大问题。而建筑的历史文化内涵并不仅仅沉涵于对旧形式的复制，而是在运用现有技术、材料、背景前提下满足大众审美，以功能追求形式的建筑形象。

由此，校史馆的设计构想由最初的"院落式"转变成"整体式"，这也是由迂回近人到气势磅礴"大体量"的转变。随之而来的建筑面积大幅增加，也满足了学校新增图书馆的使用要求。这就意味着即将建造的建筑是一栋集博物馆、图书馆于一体的综合性建筑。

■ 竹简细部

赋新意于古物

博物馆是一种极具符号意味的建筑，它能带给人最直观的感受，向观者传达特定的信息。它本身向观者展现着自己的美学价值，同时又将美的特质融于自身。虽然随着社会的不断发展和进步，博物馆的设计理念也不断的更新发展，但是从根本上讲，建筑所表达的内容才是属于这座建筑的语言，展示于众的才是其特定的表情。

纪念性、象征性，是博物馆展览的主题，因此以"校史"为切入点，能够更好的进行形象处理。从古至今，书籍都是传播历史文化的最重要载体，因此以传承的角度来看，具有深厚传统文化气息的古代书籍形式——简牍的形象跃然纸上。在立面处理时，我们运用了这一元素，采用暖色石材密缝相接。竖向较宽的凹槽分割出一片片"简牍"，上下横向较细的凹槽犹如捆扎的麻绳，其上镌刻着校庆碑铭，整体看上去犹如一卷简牍铺展开来。既丰富了立面变化，也强化了简牍这一符号语言。

印章为取信之物，这同样为方案的专属化设计带来了灵感。历史悠久的黑龙江大学，经历历代传承，每个时期的校徽都见证了校史的辉煌。我们将昔日校徽凿刻在印文的红底之上，现今的龙形校徽呈阴文居于中心，一方朱红浑厚而沉着，也浓缩了学校发展历程。

选择能够体现黑龙江大学文化与传统的有效符号作为形象设计的切入点，通过这些符号引起人们的联想，使人们在现代建筑中依然可以感受到传统文化的建筑氛围，更与建筑的功能性质相吻合。

■ 印章浮雕设计

■ 未实现的印章

行文、落款、印章是古代基本的书写格式，印章的这一元素同样给设计者带来了启发。黑龙江大学成立七十余载，更换过多个校徽，昔日校徽的浮雕作为印章的底，如今的龙形校徽腾于其上为图，整个造型浓缩了黑龙江大学几十年的发展历程。通过这一系列象征元素的使用和强调不仅达到了校方心中博物馆的"中国风"，同时也紧扣黑龙江大学校史博物馆的展览主题。

■ 中庭采光天窗

■ 图书馆公共自习室

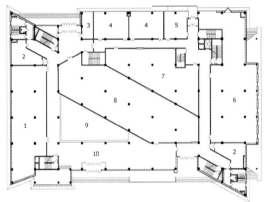

1. 校史展馆　2. 空调机房　3. 消防控制中心　4. 文检教室　5. 新书预留
处　6. 电子阅览室　7. 工具书库　8. 黑龙江少数民族民俗展厅　9. 中
庭　10. 门厅

■ 一层平面图（±0.000 标高）

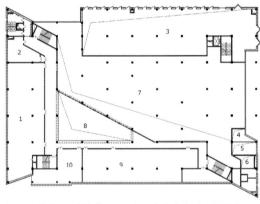

1. 中国近代名人手札信函展厅　政治名人书画展厅　2. 空调机
房　3. 中文图书借阅室上空　4. 门厅上空　5. 复印室上空　6. 工
作人员休息室上空　7. 休息室上空　8. 中庭上空　9. 小型临时展
厅　10. 互动区域

■ 6.300 标高层平面

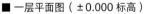

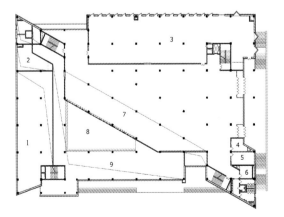

1. 校史展馆上空　2. 空调机房上空　3. 中文图书借阅室　4. 门卫　5. 复
印室　6. 工作人员休息室　7. 休息厅　8. 中庭上空　9. 门厅上空

■ 二层平面图（4.200 标高）

1. 中国近代名人手札信函展厅　政治名人书画展厅上空　2. 空调
机房上空　3. 中文期刊阅览室　4. 新书阅览室　5. 空调机房　6.
研究室　7. 中庭上空　8. 小型临时展厅上空　9. 互动区域上空

■ 三层平面图（8.400 标高）

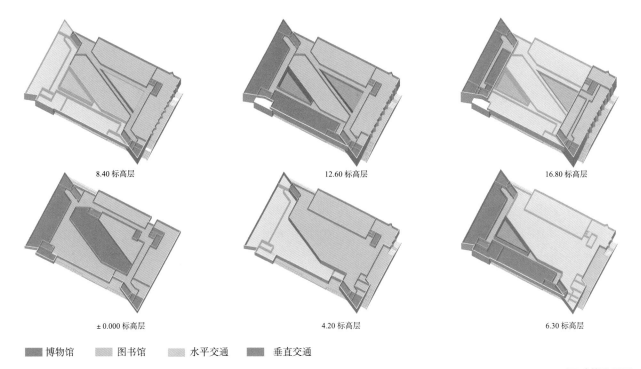

8.40 标高层　　　　　　　　　12.60 标高层　　　　　　　　　16.80 标高层

±0.000 标高层　　　　　　　　4.20 标高层　　　　　　　　　6.30 标高层

■ 博物馆　　■ 图书馆　　■ 水平交通　　■ 垂直交通

■ 功能分区图

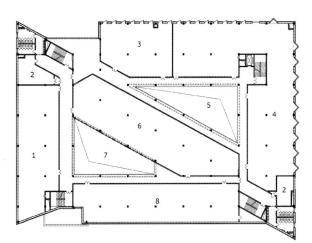

1.中国通史展厅　2.空调机房　3.教室阅览室　4.外文书刊阅览室　5.检索厅上空　6.中俄关系史展厅　7.中庭上空　8.中型临时展厅

■ 四层平面图（12.600 标高）

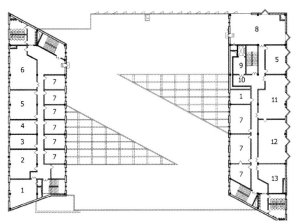

1.排风机房　2.资料档案室　3.文物修复　4.文物整理　5.美工室　6.文物摄影室　7.办公室　8.会议室　9.电梯机房　10.休息厅　11.开发室　12.主机房　13.消防水箱间

■ 五层平面图（16.800 标高）

组空间于逻辑

　　这座综合性建筑需兼顾校史馆和图书馆的功能，因此设计师首要解决的问题是对这两种功能的协调。从层高方面来看，博物馆应满足大型展品摆放，需要层高6m，而图书馆仅需4m；从采光方面来看，博物馆以藏品为主，尽量避免阳光直射，对采光要求不高，而图书馆的阅览室则需要充足的自然光线；从使用频率来看，博物馆人流呈间歇性，而图书馆则是连续性，二者在设计上有很多矛盾之处。但两种公建的组合方式既要满足使用、又要便于管理，因此项目能够在设计上达到整体显得尤为关键。

　　在方案设计过程中，讨论过许多功能划分方式。由于甲方希望两馆拥有独立的出入口和门厅，因此不能按层划分；但因博物馆和图书馆两馆的层高差异以及采光需求，因此不能采用横向或纵向划分；又因建筑西侧的变电所，使建筑的西侧墙体应为无洞口的防火墙等因素限制，设计师大胆的采用了对角线手法，将矩形体量一分为二。

沿城市街道的西南端的三角空间为博物馆，入口为一层的南向。面向校园内侧的东北端三角空间为图书馆，经东侧设置的大台阶直上二层进入。两馆实现了独立入口和门厅的意愿，交通互不干扰，且便于使用和管理。为了活跃内部空间、便于功能布置，在两馆使用空间之中又分别布置了三角形的通高中庭。

在竖向上，方案将图书馆层高定为 4.2m，博物馆层高定为 6.3m，错层叠落。以便疏散楼梯便可以基于 2.1m 的模数，通过两跑或三跑楼梯实现顺畅、高效的连接，致力于采用这种空间组合使建筑的逻辑性更加清晰。

■ 博物馆恐龙展区

■ 博物馆中抗战时期的模拟场景

■ 博物馆入口门厅

重严谨于细节

建筑细节精致,以小见大。在外饰面的石材划分上,建筑师将模数制应用到设计当中。根据层高的基本模数,将轴网定为 8.4m×8.4m(2.1m×4),并调整两侧尽端柱网为 8.1m,以保证外包石材转角处的整块拼接。

由于选材限制(石材无法做到 2 100mm 的长度),最终将石材尺寸定为 1 050mm×600mm。两块石材为一组密缝相接,每组之间留有 10mm 的明缝,营造出一块石材 2 100mm×600mm 的效果,避免分隔过度,造成尺度错觉。门窗洞口的高度和宽度都保持为石材尺寸的整数倍,不仅有利于石材标准化加工,也保证了外饰面的整体性。

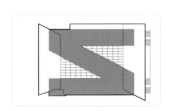

北

哈尔滨地处北方严寒地 A 区,风频玫瑰以西南东北为主轴,节能与通风列为设计任务重要考虑因素。平面空间的"反 Z"字形分割,恰好迎向主导风向,为自然通风创造有利条件。

■ 平面布局示意图

该项目体形系数为 0.13,满足国家规范对北方地区建筑的要求(s ≤ 0.3)。

■ 建筑体型示意图

蓄热墙

透过博物馆南向顶窗的光线在白天照射到博物馆与图书馆的分隔墙上形成蓄热墙,晚上热量散发向图书馆一侧。

■ 蓄热墙示意图

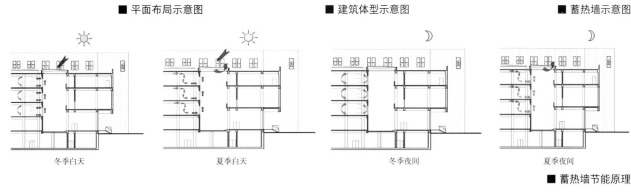

冬季白天　　夏季白天　　冬季夜间　　夏季夜间

■ 蓄热墙节能原理

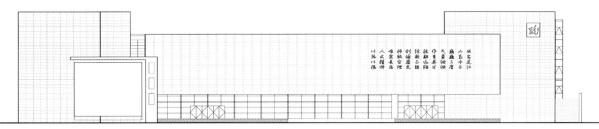

■ 南立面图

项目使用情况

建筑在设计上以校园整体风格为基调,在保持了原有建筑风格的同时,使新建建筑建成后不突兀。通过对建筑特定功能的理解,抽离出富有深层含义的简单元素,对其进行合理组合运用,以期达到具有文化意义的效果。而对不同功能的合理分区,与大胆尝试,最终达到使用者、设计者双方满意的效果。

建成后的建筑整体效果达到了建筑师的预想,但由于实际施工问题,建筑立面中设计的印章浮雕没能实现,令人颇感遗憾。校方领导对建成后的文博馆的高度认可,给予了建筑师莫大的鼓舞。我们希望黑龙江大学文博馆作为人们了解学校的发展历史、办学规律、优良传统和精神底蕴的直观平台;作为弘扬学校优良传统、展示学校辉煌成就的良好载体,能够成为黑龙江大学的文化标志,及全校师生引以为傲的精神支撑。

沈阳师范大学辽宁古生物博物馆

PALEONTOLOGICAL MUSEUM OF LIAONING ,SHENYANG NORMAL UNIVERSITY

李祖原联合建筑师事务所
辽宁省建筑设计研究院

项目简介

　　沈阳师范大学（Shenyang Normal University）隶属辽宁省人民政府，始建于1951年，前身为东北教育学院。2000年，该校为解决学校发展空间瓶颈，创建了享誉全国的异地资产置换的"沈师模式"，校园从沈阳市中心迁至北郊。现已为国家培养了大量德才兼备的师资及各类人才，为东北特别是辽宁的教育事业做出了重要贡献。古生物化石是地球及其生命演化的实证，古生物学及其相关领域的研究为探索生命起源与演化、地球环境变迁等发挥着重要作用。我国是古生物"大国"，辽宁是世界级"化石宝库"，著名的热河生物群和燕辽生物群等重要化石都主要产自辽宁。为了适应辽宁省古生物研究、科普及化石保护等工作的需要，自2006年起，经辽宁省政府批准，由沈阳师范大学和辽宁省国土资源厅（现辽宁省自然资源厅）合作共建辽宁古生物博物馆（Paleontological Museum of Liaoning，简称：PMOL）。辽宁古生物博物馆坐落于沈阳师范大学校园内，毗邻沈阳市南北主干道—黄河（道义）大街，建筑面积近15 000m²，是我国迄今规模最大的古生物专题博物馆，并已成为沈阳市北部的文化地标建筑。博物馆集收藏、展示、科研、科普及教学五大功能于一体，以科学性为主，是我国古生物科研、科普和教学的主要中心之一，同时也是沈阳师范大学服务社会的重要窗口和亮丽名片。

项目概况

项目名称：沈阳师范大学辽宁古生物博物馆
建设地点：沈阳市沈阳师范大学院内
设计/建成：2007年/2011年
占地面积：19 000m²
建筑面积：14 072m²
建设层数：地上4层、地下1层
项目投资方：沈阳师范大学、辽宁省国土资源厅
设计单位：李祖原联合建筑师事务所
主创设计师：李祖原
合作单位：辽宁省建筑设计研究院
合作设计师：郝建军
项目所获奖项：
2012辽宁优秀工程勘察设计二等奖；
2012沈阳优秀工程勘察设计一等奖

园区及主入口

■ 建筑整体外观

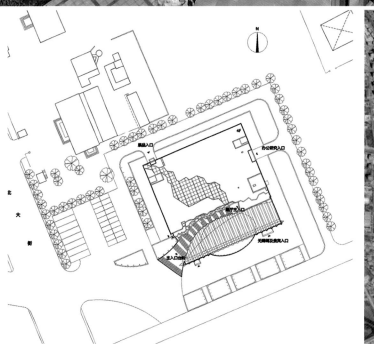

■ 总平面图

■ 区位图

项目亮点

设计理念

辽宁古生物博物馆外观设计风格独特、气势恢宏，整体设计理念源于古生物学科性质——生命科学与地球科学的交叉学科：建筑外形似一个庞大的地质体和一个巨型恐龙（生物体）的巧妙融合，由于地壳运动，断层将地质体垂直切割，火山熔岩沿断层沟谷（建成通往入口台阶）两侧自上而下奔泻流淌，观众置身峡谷，拾级而上，仿佛走进辽宁30多亿年地质历史的长河；南侧的拱形钢结构建筑象征辽宁巨大恐龙的身躯，中间钢架代表恐龙脊柱，两侧21根钢架犹如恐龙的肋骨，象征辽宁人民21世纪挺拔的身躯，而下方的球体是恐龙蛋，表示孕育希望并预示着辽宁未来美好的前程！

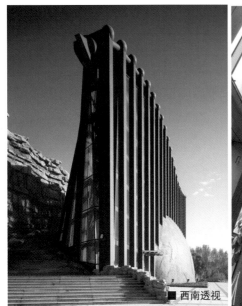
■ 西南透视

■ 一层大厅实景

■ 东南透视

功能特色

依据展览设计总体思路：以科学性为主，以介绍30亿年来辽宁"十大古生物群"为重点，以展示地史时期生命起源与演化为主线，突出"热河生物群""燕辽生物群""辽南早期生命"及"辽宁古人类化石群"，强化科普教育等，辽宁古生物博物馆内部展览空间划分充分体现古生物专业特色。按照生命演化时间轴和古生物群（或门类）展示相结合的方法，并尽可能考虑系统分类表达顺序，从上至下（四层至一层）分别以"厅"或"展区"布局，共设有8个展厅、16个展区，构成了博物馆的核心空间。行政办公、科学研究、化石修复空间处于展览空间的外围附属位置，采用下沉设计明确分区界定的同时，与核心空间保持顺畅的联系，具有专门出入口，如此既便于为展览陈列提供各种管理和服务，又能保证工作人员学术研究、日常办公的安静、私密与独立性的环境要求；库房空间规划考虑到化石标本保管的空间、温湿度及安全性要求，是相对独立出来的，但也保留了与展览空间的联系，利于藏品搬运。

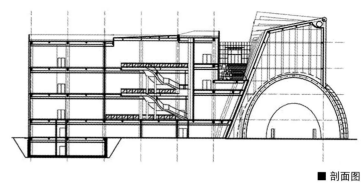

■ 剖面图

1. 中庭 2. 展厅 3. 互动展厅 4. 恐龙展厅

■ 二层平面图

■ 辽宁大型恐龙展厅实景

管理运维

辽宁古生物博物馆由沈阳师范大学和辽宁省国土资源厅（现辽宁省自然资源厅）合作共建，创造了我国政府与高校合作建设博物馆的崭新模式。博物馆建设期间，辽宁省国土资源厅主要负责提供建设资金及部分古生物化石藏品、审批建设用地、给予政策支持等；沈阳师范大学主要负责博物馆建筑与内部展陈设计、施工，专业人员组织等。新馆落成后，沈阳师范大学具体负责博物馆的科学管理与开放运行，辽宁省国土资源厅则每年划拨专项经费用于支持博物馆展陈维护、特展组织、展品征集、科普活动开展等。博物馆还成立了由辽宁省国土资源厅与沈阳师范大学共同组成的"博物馆管理委员会"，主任、委员分别由双方分管领导和相关部门负责人担任，委员会定期召开工作会议，讨论博物馆重要事项、审议中长期发展规划等，成为博物馆健康发展的组织保障。

■ 二层中庭实景

项目使用情况

借鉴价值

古生物学科特色的充分挖掘。古生物学作为沈阳师范大学的特色学科，其学科优势在辽宁古生物博物馆建筑外型和定位上都得到了很好体现：博物馆外部造型将地质体与庞大恐龙身躯相结合，不仅巧妙运用了仿生学的建筑设计手法，而且生动诠释了古生物学科的特点；博物馆定位以科学性为主，展览展示突出辽宁古生物化石在研究全球生命起源与演化中的科学意义。

展品与空间的融合。辽宁古生物博物馆为特色展品量身打造展示空间，多处采用模拟性展示法，将重要化石或复原模型置于原生的自然景观生存环境中，能够激发观众参观兴趣，引起观众共鸣，更好地为观众传播展品的内涵意义。

管理运维模式。辽宁古生物博物馆的建馆及运行打破了"以校养馆"的传统模式，整合了政府与高校的优势资源，实现了合作共赢、互惠互利，具有一定的借鉴及推广意义。

社会效益

辽宁古生物博物馆自 2011 年 5 月开馆至 2018 年年末，累计接待观众逾 200 万人次，社会团体 4 000 余个，建立了 90 余所中小学科普合作校，招募了近 1 500 名大学生志愿者，开展了"科普进校园、科普进乡村、科普进社区""小小讲解员培训""博物馆奇妙夜"等特色鲜明、形式多样的科普活动，为提高辽沈广大群众的科学文化素质做出了贡献；先后被授予中国科学技术协会、科技部、原国土资源部、中国古生物学会及省市等 11 个科普教育基地称号，2012 年被评为"沈阳市服务社会先进单位"，2015 年被评为"全国自然类博物馆优秀单位"，2016 年被评为"中国古生物学会科普工作先进单位"，2017 年入选为"国家国土资源科普基地"，2018 年被评为"辽宁省优秀科普基地"。

环境效益

辽宁古生物博物馆中央空调系统采用地源热泵可再生能源利用技术，高效节能。馆内非展览公共区域均可通过南侧的玻璃幕墙和二层中庭上的玻璃天顶获取自然光线，节约了照明能源，而展览空间则处于中庭四周内侧，避免了阳光的照射，有利于古生物化石展品的保护和展示效果的营造。（供稿：张洪钢、何佳怡）

武汉大学万林博物馆
WANLIN ART MUSEUM OF WUHAN UNIVERSITY

朱锫建筑设计事务所
北京城建设计发展集团股份有限公司

项目简介

　　武汉大学溯源于 1893 年湖广总督张之洞在武昌创办的自强学堂，其作为国家教育部直属的全国重点大学，是国家首批"双一流"建设高校，985 工程、211 工程重点建设高校，校园环境优美，风景如画，被誉为"中国最美丽的大学"。

　　武汉大学万林博物馆 (Wuhan University Wanlin Museum) 是一座集艺术展览、收藏、交流、休闲于一体的公共文化设施，设有各类型的艺术文化展厅、校史馆、陈列室、学术报告厅等，建成后将向武汉大学全体师生及武汉市民开放，提供一个充满艺术、知识、智慧的精神家园。

　　博物馆体现实用性、灵活性，形象性和国际性，强调艺术展示和艺术交流并重，将成为武汉大学文化艺术的核心凝聚点，未来最重要的校园公共空间之一。

项目概况

项目名称：武汉大学万林博物馆
建设地点：武汉大学校内
设计 / 建成：2012 年 / 2015 年
用地面积：12 192m²
建筑面积：8 200m²
建筑层数：地上 3 层，地下 1 层
绿化率：60%
项目投资方：泰康人寿保险有限责任公司
设计单位：朱锫建筑设计事务所
主持建筑师：朱锫
合作单位：
北京城建设计发展集团股份有限公司

■ 室外实景

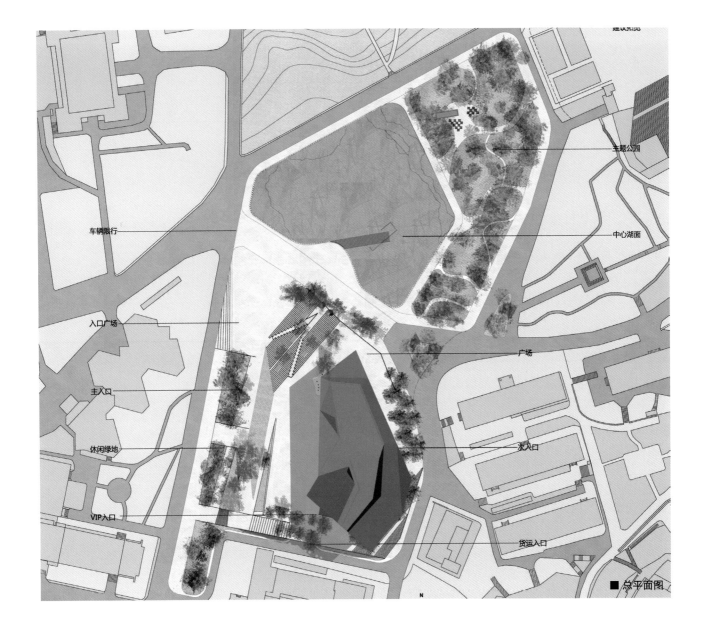

■ 总平面图

主题公园

中心湖面

广场

次入口

货运入口

车辆限行

入口广场

主入口

休闲绿地

VIP入口

N

项目亮点

设计理念

　　东方文化崇尚自然,自然的美丽,胸怀和内涵常常出现在书画家的笔墨中。设计的灵感来自我们对武汉大学厚重文化和迷人地理环境的特有理解和敬意,以自然之形,写文化之韵,以"一点"之形,表现内涵之无穷大。充分表达了中国人特有的舍其形取其意的艺术精神和哲学思维。

　　功能造型:"以形写神",选择以墨做笔,山石为本,寥寥数笔,清晰了胸中万千丘壑的轮廓。"点如高峰坠石,横如千里阵云",提取中国书画精髓,点取其意,石取其形,以建筑的手法提炼出意蕴长远的体量与构图,画尽意在。神韵之外的抽象体块具有清晰的功能分类,构成丰富的内部空间体验。

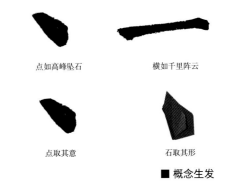

点如高峰坠石　　横如千里阵云

点取其意　　石取其形

■ 概念生发

　　环境景观规划:我们规划的策略是将区域作为整体筹划,通过在两馆中间插入一个活力元素——武汉大学博物馆,在现有文化大氛围中注入一股艺术气息,通过整合基地内及南北图书馆的广场和外部环境资源,将南新图书馆、新建博物馆、中间湖体公园及北侧旧图书馆重新牵线，构筑一条1 000多米长的文化艺术轴线和自然风景长廊。极大地拓展师生们在学校的活动范围，同时又加强图书馆与博物馆，室内与室外之间关系的流动性和延续性。最大可能地实现资源共享，又能发挥规模聚集效应。真正打造一处文化艺术聚集地，一处可交流、可休闲、可展示自我的公共空间。

核心空间：博物馆的环境设计和造型设计创造博物馆场域极大的开放性，为艺术品提供了丰富、多元的室外展览空间和雕塑庭院。公众和参观者无论在室内还是室外，均身处艺术氛围之中，从容地体验从封闭到开放展厅再到户外展览的多样性和延续性空间。

交通组织：景观水池位于博物馆西侧，紧贴建筑入口广场，引领参观者徐徐进入，并为建筑提供倒影，形成整体宁静诗意的外观效果。大面积绿地位于博物馆东侧北侧，基本保留现有树林树木，形成整齐一片，同时分隔开车行与人行动线，并提供休闲及文艺展览

等活动场地。停车场位于场地东南角落，引导由东侧进入的车流避开中心绿地景观和人流，并可在停车后直接进入位于博物馆南侧的VIP区域。

博物馆专业设计：由于外部环境，功能资源和建筑群的整合和重新梳理，使得博物馆区域有很强的文化艺术氛围，增加了人与自然之间及师生之间的公共界面。以水和树林为代表的外部环境，将博物馆塑造出犹如晨曦中的一块灵石，清新剔透，形神优雅，静卧于蓝色的水台之上。建筑的不同立面，其形态各异，时而昂然活泼，时而修长静谧。

本案为公众提供从封闭到开放再到室外展览的连续性空间，并创造一切可能的空间或模式鼓励师生参与和体验。在艺术家、艺术品、参观者之间建立很强的环形联系。我们为未来博物馆的发展提供空间极大灵活性，无柱大空间可以为某种特殊藏品和展览量身定做，灵活划分或组合。

■ 主入口立面

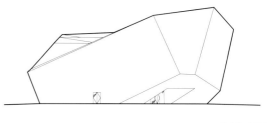

■ 南立面

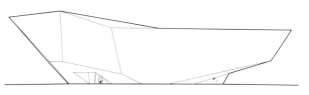

■ 东立面

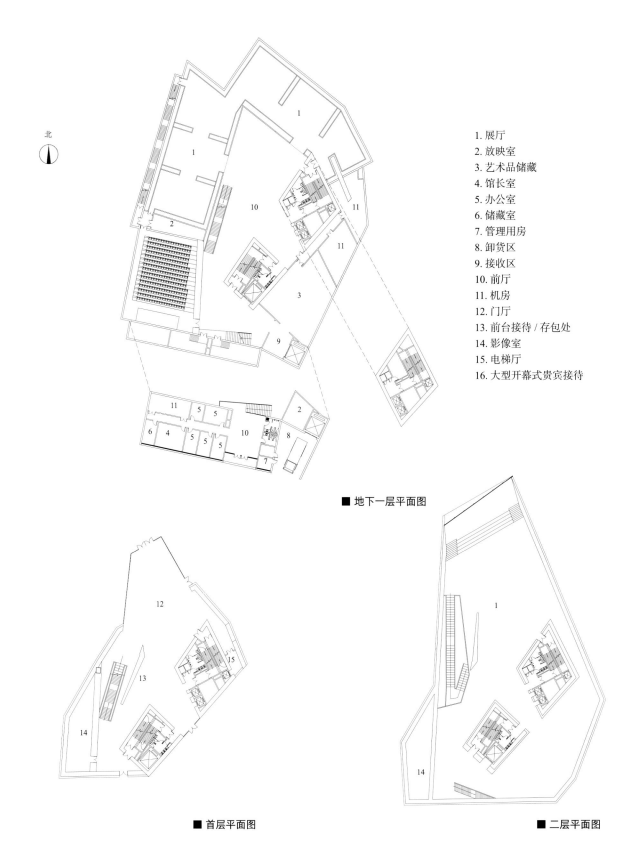

北

1. 展厅
2. 放映室
3. 艺术品储藏
4. 馆长室
5. 办公室
6. 储藏室
7. 管理用房
8. 卸货区
9. 接收区
10. 前厅
11. 机房
12. 门厅
13. 前台接待 / 存包处
14. 影像室
15. 电梯厅
16. 大型开幕式贵宾接待

■ 地下一层平面图

■ 首层平面图

■ 二层平面图

建筑表皮设计：建筑表面的细部，源于水墨中的飞白，经过图形的抽象，既捕捉到水墨中行云流水般的飞白，又酷似山石表面所反映出的地壳运动的肌理。窗户玻璃经过处理将有从清晰到磨砂的变化，感觉细腻，变化微妙，产生一种水墨笔触的图样，像中国书法出现又消失在建筑的四个外墙上。

中国文化崇尚自然，古代和当代文化艺术也常常传递人们对自然的理解和热爱。博物馆建在两馆之旁，浮于水台之上，状如灵石，观众可以在湖边漫步，也可在各展厅的石峰间行走，塑造一种"行云流水"的意境，举重若轻，天人合一，表达了中国人舍形取意的艺术精神。

■博物馆室内实景

■ 博物馆室内实景

项目使用情况

借鉴价值

博物馆的地面层，包括室外的雕塑广场、雕塑庭院等，主要是多功能空间，亦可展示，更适合为校园师生们提供学术交流，文化娱乐等服务和功能延展。多功能空间具有很强灵活性，通过很现代的建筑技术应用，将为如下功能安排和转换提供最合理的设计：

——大型装置艺术陈列区和中庭临时展览即开闭幕式大型公共空间

——报告厅 + 小剧场 + 接待大厅 + 大会议室 + 时尚秀

——三层为固定展和流动展区，东北角体块办公区

——咖啡厅 + 书店 + 纪念品店

——VIP 接待和休息厅

功能分区上，二三层为博物馆主要展览空间。通过盘旋上升的楼梯将参观者带入各有特色的不同展厅。既可独立，亦可通过中庭空间组织在一起，加强横向联系。

经济效益

博物馆的四层顶层，是以校史展览为主的面向学校师生的多功能空间。出固定展厅，多功能展厅和屋面大平台组成。本层可结合咖啡等餐饮，学术交流及城市观光等构成学校或城市公共空间，艺术家、参观者及学校师生通过中庭拾级而上最后会集在博物馆的顶层，体验从艺术欣赏的心灵交流到俯瞰校园的休闲状态。

社会效益

石形水界——本设计将武汉大学万林博物馆与周边建筑统合的水乳交融式的公共空间营造，行云流水般的建筑与室内空间营造，最终汇聚、升华为屋顶云台上多功能城市空间。

在这里，可以俯瞰博物馆区域丰富、给力的自然景观，感受图书馆区域浓郁的人文气息；在这里，博物馆有限的展示主题和时间将得到极大拓展，展馆不仅面向更为开阔的校园空间，也成为闭馆后继续享受文化艺术带来快乐的殿堂。由此，博物馆冲破了文化建筑的界限，成为真正的公共空间。

中国地质大学逸夫博物馆

YIFU MUSEUM OF CHINA UNIVERSITY OF GEOSCIENCES

中南建筑设计院股份有限公司

项目简介

  中国地质大学是由中华人民共和国教育部直属，国土资源部共建的一所以地球系统科学为主体，应用科学、前沿科学以及新兴交叉学科协调发展的全国重点大学。

  中国地质大学逸夫博物馆主要功能为地质科学研究，地质博物陈列，学术报告和地质标本收藏及管理办公等。

  用地位于中国地质大学西校区大门南侧，北临地质大学西校区中心广场，东临鲁磨路。特殊的地理位置使得本建筑成为校园空间与城市空间对话的桥梁，由于鲁磨路与西校区中心广场为非正交关系，为照顾两个方向的视觉关系，在总体布局上采用了交错"网格"的布局方式——即门厅及研究管理部分与陈列厅部分为斜交关系。门厅及研究管理部分与城市道路——鲁磨路平行，陈列厅部分与西校区中心广场及其周边的图书馆和化学楼等建筑为垂直正交关系。既完善了中心广场的空间围合，又获得良好的鲁磨路沿街景观。

项目概况

项目名称：中国地质大学逸夫博物馆
建设地点：武汉市关山区鲁磨路
设计 / 建成：1999 年 / 2002 年
占地面积：2 663m²
建筑面积：9 727m²
层数：5 层
容积率：1.06
绿化率：28%
结构类型：框架拱架结构
抗震等级：6 度设防，框架抗震等级三级
建设单位：中国地质大学（武汉）
设计单位：中南建筑设计院股份有限公司
主创建筑师：唐文胜
合作建筑师：程晓、柯宇
拍摄：丁烁
项目所获奖项：
2004 年湖北省优秀设计一等奖

■ 主立面鸟瞰图

■ 夜景鸟瞰图

■ 区位图

■ 总平面图

主入口

北

■ 实景图

主入口外景

项目亮点

设计理念

　　我们试图用建筑的语言来体现一些地质上的概念。建筑形体上的"碰撞"，仿佛是地壳运动的结果。主展厅体量被长廊穿越切割后形成的体量，模拟地质"断层"和"岩层裂隙"的概念。建筑形态着意打破稳定的构图，形成强烈的视觉冲击效果，让人过目不忘。

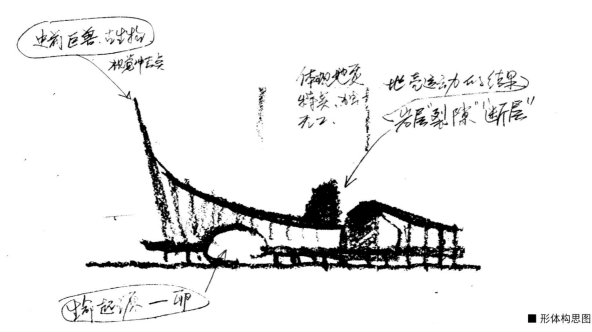

■ 形体构思图

■ 建筑东北侧外景

■ 建筑南侧局部外景

■ 建筑南侧鸟瞰

■ 建筑东南侧外景

■ 建筑北立面实景

■ 实景鸟瞰

功能特色

对古生物化石的研究也是地质学科的一项重要内容，这给我们一些启示。运用"仿生"的手法创造一种不常见的建筑体验，管理办公及研究部分的功能空间被塑造成一个斜插入展示区的体量，仿似恐龙正从岩层裂隙中冲出。多媒体学术报告厅则被处理成生命起源的最基本单元——"卵"形空间。

材质运用

材质运用上也希望体现地质学科文化内涵，运用仿石喷涂，花岗石火烧板在不同部位模拟地质学科三大岩类的不同效果。

■ "生命球"一角外景1

■ "生命球"一角外景2

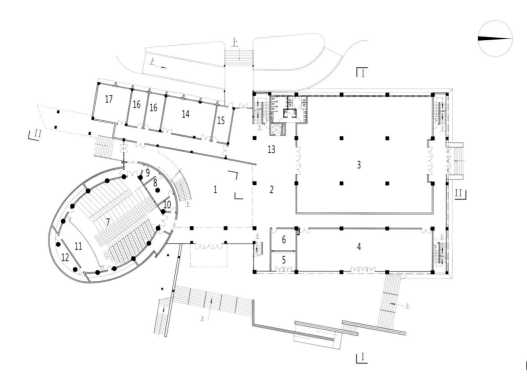

1. 大厅
2. 过厅
3. 展厅
4. 礼品部
5. 售票厅
6. 票房
7. 多媒体演示厅
8. 放映
9. 灯控
10. 音控
11. 主席台
12. 准备间
13. 楼电梯厅
14. 贵宾接待
15. 消防控制
16. 办公
17. 会议

■ 一层平面图（±0.000m）

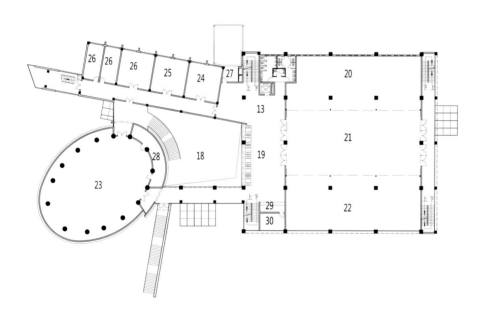

18. 大厅上空
19. 休闲咖啡座
20. 恐龙知识展厅
21. 恐龙展厅
22. 生命起源展厅
23. 地球科学展厅
24. 网络服务器
25. 业务
26. 馆长
27. 设备间
28. 空调机房
29. 酒吧
30. 服务间

■ 二层平面图（5.000m）

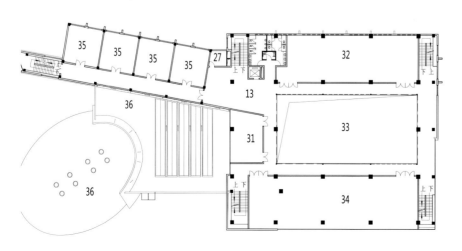

31. 小展厅
32. 人文展厅
33. 恐龙展厅上空
34. 校史陈列
35. 研究室
36. 屋面

■ 三层平面图（9.400m）

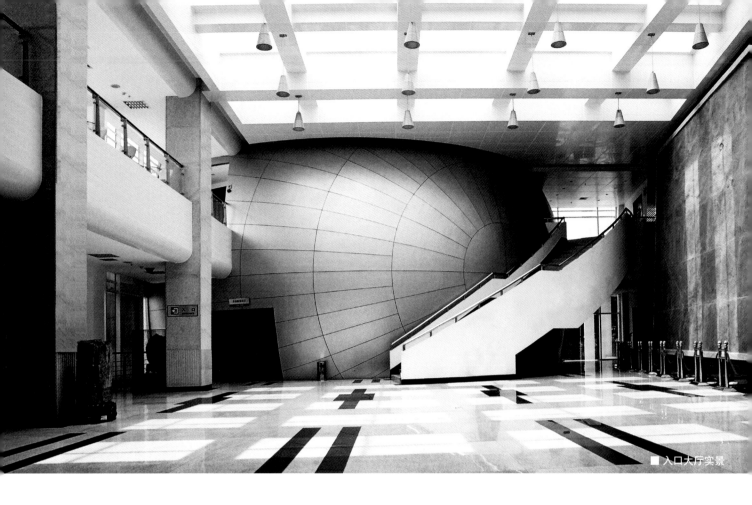

■入口大厅实景

核心空间

　　"交错"的布局带来了内部空间的"曲折"而充满变化，曲折展开的空间包含了一些神秘又丰富活泼的元素——倾斜的墙面，螺旋上升的楼梯等。这种"曲折"空间隐喻地质科学探索道路的曲折而艰辛。

■室内实景1

■室内实景2

■室内实景3

■ 地球奥秘展厅

■ 室内展厅实景

■ 室内展厅实景

■ 恐龙展厅

1. 多媒体演示厅　2. 放映　3. 灯控　4. 音控　5. 主席台　6. 准备间　7. 地球科学展厅　8. 空调机房

A-A　　　B-B

■ "生命球"断面图

项目使用情况

借鉴价值

　　本馆作为以地质科普为目的的建筑类型，设计者试图使建筑物自身成为地质科学发展的映射物。建筑外观融合了地质学、仿生学和天文学特点。我们希望创造一座对于孩子们和童心未泯的成人具有吸引力的建筑物，并将科学和美的种子植入他们的心灵，成为地大的标志并植入师生们的集体记忆。该馆荣获湖北省优秀建筑设计一等奖，是远近闻名的文教事业标志性建筑，并成为武汉东湖风景区的重要组成部分。

社会效益

　　中国地质大学逸夫博物馆是国家三级博物馆，是首家被认定为国家 AAAA 级旅游景区的高校博物馆，是全国中小学生研学实践教育基地、全国科普教育基地、全国青少年科技教育基地、全国古生物教育基地、全国中小学环境教育社会实践基地、全国国土资源科普基地、武汉市爱国主义教育基地、2017 武汉十大博物馆。

　　博物馆为观众打开了地球 46 亿年沧桑巨变的宏伟画卷，地球生命 38 亿年进化的历史长廊，展示了精美绝伦的珠宝玉石世界、五光十色的矿物岩石天地以及与人类生存息息相关的地下宝藏。同时，也为观众讲述了人类与大自然和谐协调发展的重要性，强调了保护环境是每个人的神圣职责，加深了社会各界特别是广大青少年对保护环境、珍惜资源、抵御灾害的认识，对人类社会可持续发展的理解，是公认的"地质世界之窗"。

中南大学中国村落文化博物馆
（新校区学生素质教育中心 B 座）

CHINA VILLAGE CULTURE MUSEUM OF CENTRAL SOUTH UNIVERSITY

切点建筑设计咨询（北京）有限公司
湖南大学设计研究院有限公司

项目简介

　　中南大学是教育部直属全国重点大学、国家"211 工程"首批重点建设高校、国家"985 工程"部省重点共建高水平大学和国家"2011 计划"首批牵头高校，2017 年 9 月入选世界一流大学 A 类建设高校。

　　中国村落文化博物馆定位为文物（实物）展示、学术研究、数据储备"三位一体"，并围绕这三个方面筹建中国村落文化实物展厅、成立中国村落文化研究院和基于"云计算"系统的"中国传统村落文化国家数据中心"，全方位立体展示我国村落文化的发展历史，深刻表现中国村落文化蕴含的丰富内涵，大力开展高端专门人才培养，进一步扩大与海内外的学术、文化交流，切实与湖南旅游、文化宣传有机结合，努力打响城市品牌形象，打造成湖南最具影响力和知名度的文化新名片。

　　中国村落文化博物馆位于中南大学新校区内，设计初期基地毗邻榨泥湖，在学校图书馆南面。方案深化过程中，基地位置调整至图书馆东面并与之隔湖相望。东边与北边接校区规划道路，南边为校区景观主轴。

项目概况

项目名称：中南大学中国村落文化博物馆
建设地点：中南大学新校区
设计 / 建成：2014 年 / 2019 年
用地面积：11 549m²
占地面积：2 507m²
建筑面积：11 517m²
　　　　　　地上：10 213m²，地下：1 304m²
建筑层数：地上 4 层
建筑密度：21.7%
绿地率：41%
项目投资方：中南大学
设计单位：切点建筑设计咨询（北京）有限公司
合作单位：湖南大学设计研究院有限公司
主创建筑师：樊潼、彭亚超
参与建筑师：霍丹、李雨薇、李静、角仓弘明、
　　　　　　刘志勇
合作建筑师：刘子毅、张舸、李露阳、席宏远、
　　　　　　项丹强
结构形式：框架，框架抗震等级为四级
主要用途：展览、教育
摄影版权：切点建筑设计咨询（北京）有限公司

■东南侧主入口透视图

■ 屋顶鸟瞰

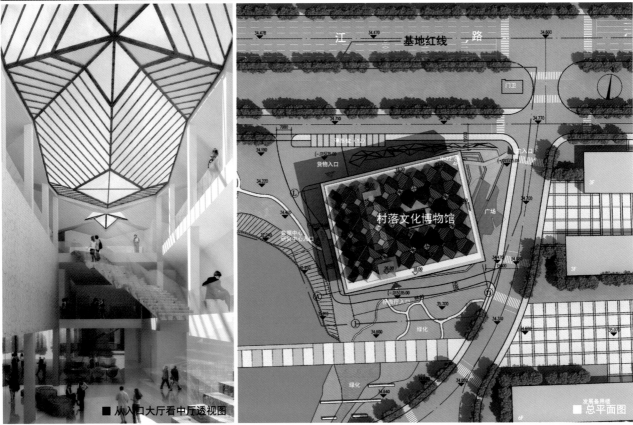

■ 从入口大厅看中厅透视图

■ 总平面图

项目亮点

在历时数千年的农业文明时代，农民以聚集在大大小小的村落中为主要生存方式，既为了节约土地和基础设施，更是为了守望相助，以便于共同的社会文化生活和生产活动。本方案以人们从认识自然到利用自然，最后形成与自然山水相协调的聚落社会为主脉络，对建筑的生成方式考虑了自然—认知—实践三个层面。

本设计希望能让参观者从建筑纵向的形式构成上得到对传统村落文化由起源到发展成熟的一个感性的认识，与此同时，又能在建筑的每个展示空间对村落文化不同层面的内涵拥有一次深刻的体验。意图使建筑创造一种超越地理和时空限制的"穿越"之感，从而体现出对传统村落文化的崭新诠释。

室外展场/村落空间体验
师生交流/休憩/活动
既是景观又是博物馆，更是校园的一部分。

■ 景观系统分析图

■ 天井

自然

自然环境是营造传统村落人居环境的基础。本方案首层为架空的过渡空间，通过层层递进的台阶、错落有致的柱子和顺势而下的涓涓细流营造出"幽"的意境。深远而宽大的挑台设置了天井，将自然光线引入到架空层，洒在变换的地形之上和柱林之间。作为博物馆的室外展馆，结合地形和上方的采光井对村落公共空间进行展示和示意，模糊建筑与景观的界限，呈现一种自然形态的感觉。建筑一层的开放空间又为中南大学师生提供一处学习、交流和休闲之所。

认知

以渔樵耕读为代表的农耕文明是千百年来中华民族对生产生活的认知和总结。建筑二、三层作为主要的室内展示空间，将对传统村落文化中物质文化、非物质文化、精神信仰、科技与艺术等多方面进行展示，通过简洁的几何造型与抽象化的建筑外表皮，体现本建筑作为传统村落文化这一宏大主题的载体和展示平台。各主题展厅内部，对接了由上至下的天井，模拟村落民居天井的自然光线，营造出神秘的空间氛围。

实践

古农耕文明孕育了内敛式自给自足的生活方式。四层的设计灵感来自于一些传统村落的房屋布局形式，各个小体量空间的屋顶相互交叠，成为一个整体，多个小空间的相互错动，扭转，也寓意着传统村落的空间形式，其空间设计将参观者带入与传统村落生活息息相关的场景中。每一组展厅以天井为空间组织的核心，展厅组数又与各类主题个数吻合。丰富而有趣的展示空间让人们通过实践去领略古人的智慧，实现对村落文化的终极体验。

选址
改造
形成
发展
聚落
整合

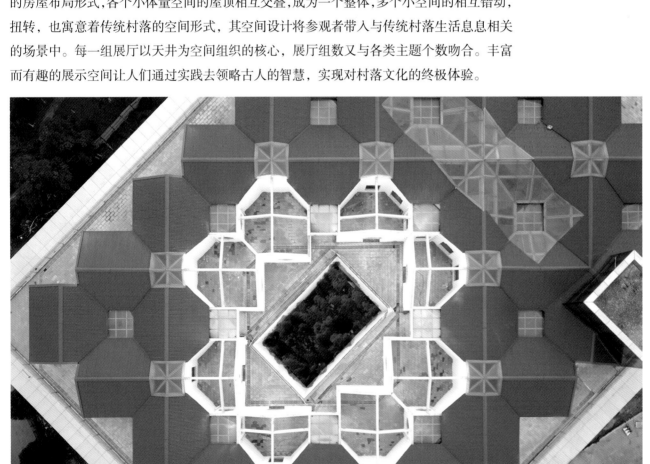

■ 屋顶鸟瞰

立面设计

建筑顶层造型抽象出村落建筑单体灵活而有机布置的方式，连续的坡顶形式既吻合了村落文化的主题性，又丰富了校园建筑的天际线。

建筑立面色彩考虑与校园周边环境相呼应的灰色系，同时搭配白色和其他中性色，彰显村落文化博物馆的建筑气质。

建筑北立面从基地标高开始考虑架空层，架空层上部是完整的方形建筑体块，立面设计虚实对比强烈，使博物馆建筑空间的趣味性得以体现，同时也带来了博物馆建筑应有的视觉冲击。

建筑立面开窗设计结合功能和采光要求，简洁的开窗形式和开窗位置的灵活处理，契合了整个建筑造型，丰富了建筑立面。

立面采用了金属格栅、木材、真石漆、玻璃等材料，以现代的设计手法诠释了传统思想主题。

■ 南立面

流线组织

　　展厅，中国村落文化研究中心及中国村落文化国家数据中心，均考虑了各自对外的出入口，避免流线交叉。考虑库房区搬运货物的便利性，设置了单独对外的搬运入口以及货梯。

　　除室内展场外，设计还考虑了室外展场。丰富了来访者由外至内的观展空间体验。同时也考虑了从一层的室外展场，村落自然空间模拟到二、三层的精神与非物质等各类展厅，再到四层的互动空间体验与生活场景还原的竖向参观流线。竖向参观流线也寓意着从自然到认知到实践的村落形成过程。

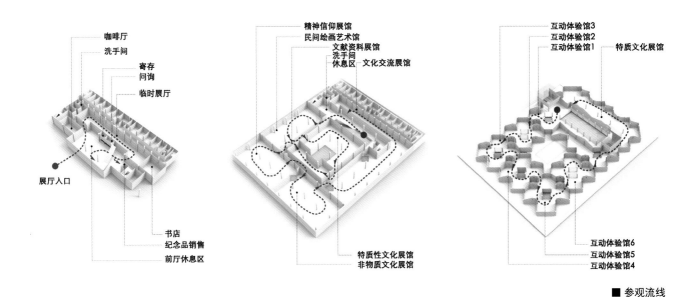

咖啡厅
洗手间
寄存
问询
临时展厅
展厅入口
书店
纪念品销售
前厅休息区

精神信仰展馆
民间绘画艺术馆
文献资料展馆
洗手间
休息区
文化交流展馆
特质性文化展馆
非物质文化展馆

互动体验馆3
互动体验馆2
互动体验馆1
特质文化展馆
互动体验馆6
互动体验馆5
互动体验馆4

■ 参观流线

■ 西立面

功能布局

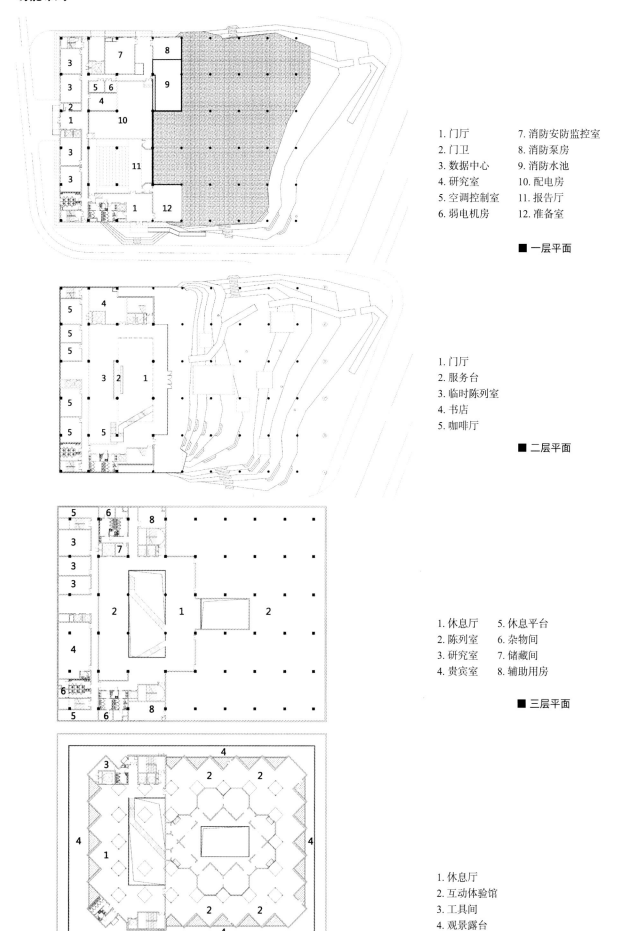

1. 门厅　　　7. 消防安防监控室
2. 门卫　　　8. 消防泵房
3. 数据中心　9. 消防水池
4. 研究室　　10. 配电房
5. 空调控制室 11. 报告厅
6. 弱电机房　12. 准备室

■ 一层平面

1. 门厅
2. 服务台
3. 临时陈列室
4. 书店
5. 咖啡厅

■ 二层平面

1. 休息厅　　5. 休息平台
2. 陈列室　　6. 杂物间
3. 研究室　　7. 储藏间
4. 贵宾室　　8. 辅助用房

■ 三层平面

1. 休息厅
2. 互动体验馆
3. 工具间
4. 观景露台

■ 四层平面

■ 四层互动体验厅透视图

■ 建筑东立面

项目进展及未来展望

中国村落文化博物馆正在进行最后的室内装修设计，即将面对全校及社会各界人士开放。

建成后的中国村落文化专题博物馆，基于其首创性和唯一性，既是人民群众了解中国传统村落文化、探寻文化根源、实现人文教化的重要窗口，又是深入研究传统村落文化、培养专门人才的高端平台，也是永久性保存我国传统村落文化数据信息的储备中心。它的落成，将成为文化湖南颇具影响力和持久性的全新文化名片，对于进一步扩大湖湘文化影响力、展示地方文化特色、促进地方旅游经济，以及服务文化强省、文化强国战略和实现中华民族伟大复兴宏伟大业，都具有重要而深远的意义，其经济效益尤其是社会效益不言而喻。

村落文化博物馆的建成将有利于我校进一步加强中国村落文化研究，极大地促进相关学科的建设与发展；有利于广大师生员工近距离欣赏我国村落文化遗产，接受艺术文化熏陶；有利于提高学生的综合素质；有利于扩大学校的影响力。

吉首大学黄永玉艺术博物馆

HUANG YONGYU ART MUSEUM OF JISHOU UNIVERSITY

非常建筑

项目简介

　　吉首大学（Jishou University）创办于 1958 年 9 月，在湖南省湘西土家族苗族自治州和张家界市两地办学，校本部位于湘西自治州首府——吉首市，是湖南省属综合性大学，武陵山片区唯一的综合性大学，国家民委与湖南省人民政府共建高校，国家"中西部高校基础能力建设工程"高校，博士、硕士、学士三级学位授予权高校，湖南省按一本批次录取高校。

　　本项目位于吉首大学齐鲁大楼西南部，与风雨湖（4 公顷水面）相连，巧妙勾画出建筑物强烈的亲水性，湖光山色，风光旖旎，心旷神怡。在建筑风格、馆藏艺术、社会影响力等方面，已成为吉首大学对外交往的名片。

项目概况

项目名称：吉首大学黄永玉艺术博物馆
建设地点：吉首大学校内
设计 / 建成：2004 年 /2006 年
占地面积：3 812m²
建筑面积：4 200m²
　　　　　　地上 3 018m²，地下 1 182m²
建筑层数：地上 4 层，地下 1 层
绿地率：25%
项目投资方：吉首大学
设计单位：非常建筑
主持建筑师：张永和
项目建筑师：陈龙
项目组成员：胡宪、张波、何慧珊、倪建辉等
合作单位：北京意社建筑设计咨询有限公司

■ 黄永玉艺术博物馆鸟瞰图

■ 总平面

■ 黄永玉艺术博物馆远景

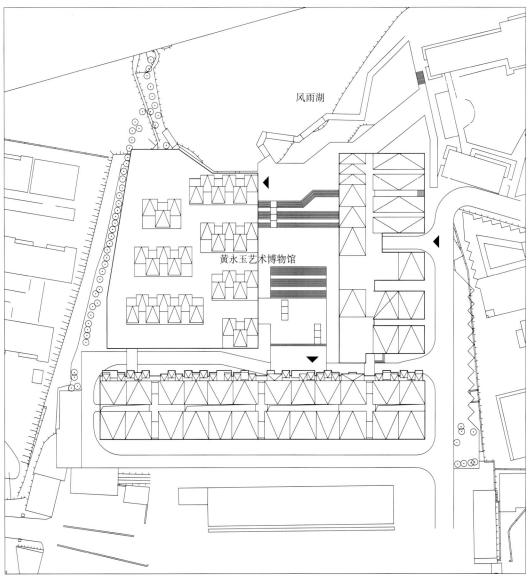

风雨湖

黄永玉艺术博物馆

■ 总平面

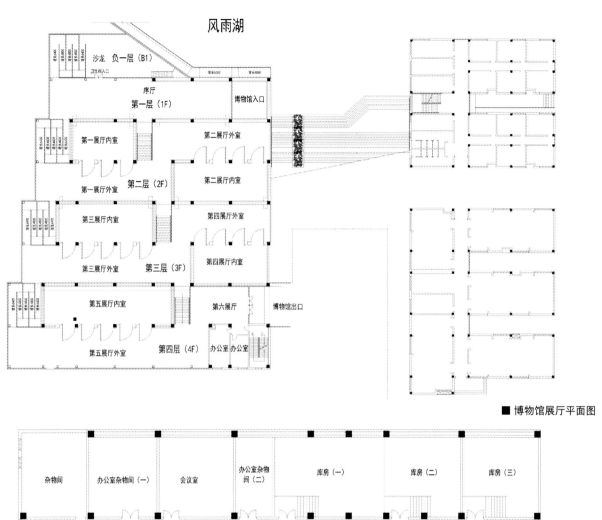

风雨湖

沙龙　负一层（B1）

卫生间入口

序厅

第一层（1F）

博物馆入口

第一展厅内室

第二展厅外室

第一展厅外室

第二层（2F）

第二展厅内室

第三展厅内室

第四展厅外室

第三展厅外室

第三层（3F）

第四展厅内室

第五展厅内室

第六厅

博物馆出口

第五展厅外室

第四层（4F）

办公室　办公室

■ 博物馆展厅平面图

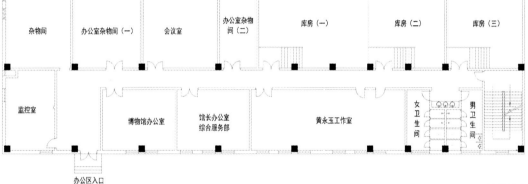

| 杂物间 | 办公室杂物间（一） | 会议室 | 办公室杂物间（二） | 库房（一） | 库房（二） | 库房（三） |

| 监控室 | 博物馆办公室 | 馆长办公室综合服务部 | 黄永玉工作室 | 女卫生间 | 男卫生间 |

办公区入口

■ 博物馆办公区平面图

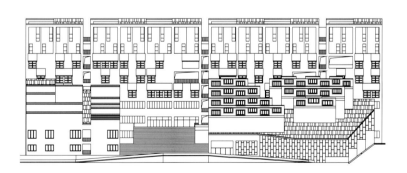

■ 立面图

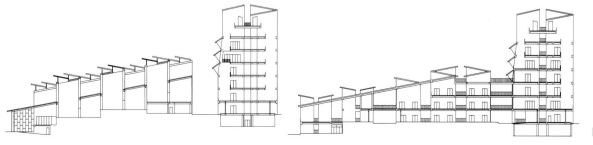

■ 剖面图

项目亮点

设计理念

吉首大学黄永玉艺术博物馆是校园文化建设的重要组成部分，是文化育人的重要载体。本项目的用地在校园中处于校园东南角主教学楼的北侧、风雨湖的南岸，所在的齐鲁大楼是学校最大、最有特色的建筑群，位置醒目。设计中依据"民族风格，现代气魄"的理念，在造型和外墙设计中吸收了当地建筑的特色，巧妙融入湘西民居的院落布局特点，又不完全抄袭照搬，形成了自己独特的风格，具有深邃的内涵。

功能特色

立面造型：建筑外墙材料是青砖色调的混凝土砌块，充分表现湘西建筑青砖青瓦原生态式的质朴、厚重。建筑傍坡地而建，依地势步步向后升高，错落有致。屋面采用正坡与反坡的交错重叠，构成了层次丰富的斜屋面造型，凸出屋面的斜屋檐采光天窗既可满足通风、采光的要求，同时丰富了建筑纵深层次和屋顶构造效果，展现了湘西地域建筑的典型特色，给视觉上带来很大的冲击，具有强烈的震撼力。

环境景观规划：环绕建筑物四周为青砖铺设的花圃。右边为开放式露天中庭，庭中地面和周围区间道路采用当地的青石板铺砌，古朴典雅。中庭拾级而下，与风雨湖相连。左边为青砖修建的通透式围墙，墙边栽种桃竹。环境优雅，景色宜人。

核心空间：博物馆包含四层（地上三层、地下一层）展览空间，每层面积 $600m^2$。第一层序厅高 8m，视野宽阔。从序厅中间沿台阶而上依次进入 2~4 层展厅。从第 2 层展厅开始，以台阶为界分为两个展厅。每个展厅又分内、外展室，用活动、封闭的展柜加以隔开，外展室高 6m，内展室高 12m。整个展厅显得非常宽敞、静穆。

博物馆专业设计：设计中根据各展厅展陈设计的基本布局要求，提供开敞的大空间。各个展厅形成相互独立的展示单元，每个单元面积不超过 $300m^2$。设计对博物馆藏品空间进行深入研究，均进行统一布置设计。

■ 黄永玉艺术博物馆入口广场

■ 博物馆通透立面

■ 博物馆紧邻风雨湖

■ 教学楼与美术馆之间道路

项目使用情况

社会效益

　　黄永玉艺术博物馆于 2006 年 10 月 1 日举行隆重开馆仪式。每年开放时间达 350 天。每年接待海内外观众 3.5 万人次。同时组织科普志愿者深入湘西州少数民族聚居区，举办了 10 余次大型"湘西州非物质文化遗产保护"宣传活动，开展了文化扶贫，促进了民族的团结和进步，产生了广泛的社会影响，成为湘西民族文化传承与创新的重镇、科学普及与宣传的窗口。2012 年成为首批"湖南省社会科学普及宣传基地"，2013 年被评为"全国优秀人文社会科学普及基地"，2016 年加入全国高校育人联盟。

环境效益

　　博物馆与风雨湖紧密相连，旖旎风光，尽收眼底，成为校园一景。通透的大玻璃幕墙（双层）便于保温和采集自然光线，独特的屋面采光天窗为展厅提供了漫发射光源，外墙的砌块由外延伸到建筑之内，室内部分墙体直接在清水墙面喷涂白色涂料，不作任何粉饰，既节约了建设成本，又体现了现代建筑追求表里如一，真实而不刻意的新思维，清新大方。走廊栏杆形式使用中国元素，与墙体及整栋建筑风格相互呼应，亲切自然。湖边栏杆采用当地的青石修建，坚固耐用，朴实大方，富有当地色彩，通过构造和细部再次进行地域化处理，大大提升了整体建筑的艺术效果，突出了地域特色。

■ 门厅

四川美术学院美术馆

ART MUSEUM OF SICHUAN FINE ART INSTITUTE

重庆市设计院

项目简介

　　四川美术学院虎溪新校区位于重庆市大学城，占地 963 亩，建筑总面积约 40 万 m²。自 2005 年全面开始建设，当年入住师生，至 2015 年，历经 10 年方才全部建设完毕。现已入驻师生约 7 000 人。

　　位于中国重庆的四川美术学院虎溪校区美术馆，是四川美术学院美术馆、罗中立美术馆、收租院陈列馆三馆一体的建筑集群。建筑总量 2.37 万 m²，由 10 个异形建筑单体以院落式布局组合而成，其创意契机来自于周边农村的国家粮仓与山石，人才培养的期许和寓意与粮仓颗粒饱满的丰收相得益彰，而错落有致的建筑轮廓亦消融在起伏的山地之中。

项目概况

项目名称：四川美术学院美术馆
建设地点：重庆市四川美术学院虎溪校区
设计 / 建成：2010 年 /2015 年
用地面积：24 622.51m²
建筑面积：23 704.40m²
建筑层数：4 层
设计单位：重庆市设计院
主创设计师：郝大鹏

■ 东侧鸟瞰

■ 入口实景

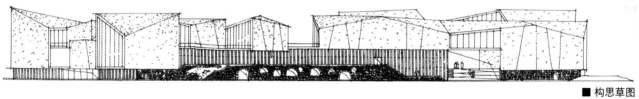

■ 构思草图

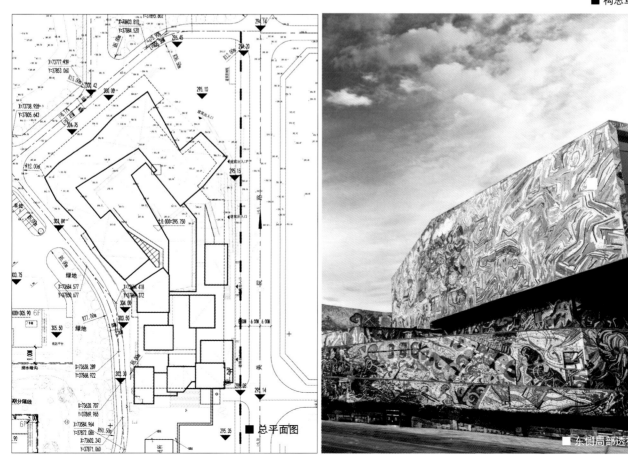

■ 总平面图

■ 东侧局部透视

项目亮点

数十万块碎瓷片镶嵌而成的 2 万 m² 巨幅壁画，取材于校园景观、名家名作、地域风情与校园生活。其尺度与容量都是空前的，它们沿着建筑立面，以 360° 不同的方向进行穿插、交织与拼贴，从底至顶覆盖了所有的建筑表皮。不拘一格的图像、斑斓至极的色彩，延展出漫天遍地的自由意境，呈现出动人心魄的表现性与震撼力。

令人目眩的拼贴壁画，是今天高速运转的碎片化世界的隐喻，无孔不入的视觉图像与即时通信，呈指数倍增长的云端数据，让时空急剧压缩的同时，也颠覆了我们对整体性的执着与幻想，把我们抛入瞬息万变的信息汪洋。

这一界面本身即是大学城乃至整个城市极具公共性的艺术景观与传播平台。置身于学院之中，面向城市的街道与大众，没有围墙、没有界限。学生与市民在这样的艺术场域中观赏、沉浸、记录、游弋，使当代的艺术语言及精神在互动与交流中得以无远弗届地传播。

壁画镶嵌所需的瓷砖使附近厂家的废旧存货被搜罗殆尽，在教师、学生与手工匠人的粘贴、勾缝与打磨等劳作中，完成了物尽其用、变废为宝的艺术转换。在公共建筑表皮从材料、技术到形式一味求新求异，建筑造价节节飙升的当下，四川美术学院美术馆表皮的巨幅壁画，以粗材细作的创作逻辑，回应了虎溪校区植根地域的营造理念，完成了极具当代感与公共性的创造与表达。

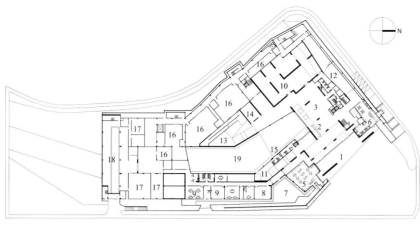

1. 美术馆主入口   10. 临时展览厅（1号厅）
2. 咨询处   11. 常设展览厅（2号厅）
3. 大厅   12. 临时展览厅（3号厅）
4. 衣物寄放处   13. 临时展览厅（4号厅）
5. 咖啡厅   14. 映像厅
6. 礼品店   15. 卫生间
7. 桂花园   16. 库房
8. 会议室   17. 设备房
9. 办公区   18. 车库
   19. 景观中庭

■ 一层平面图

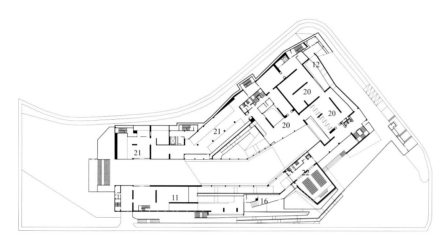

20. 临时展览厅（5号厅）
21. 收租院陈列馆（6号厅）
22. 学术报告厅

■ 二层平面图

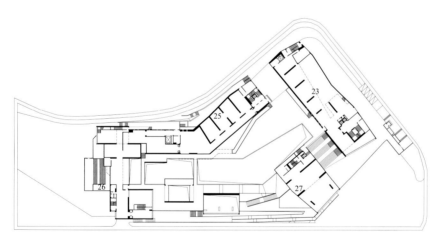

23. 罗中立美术馆（7号厅）
25. 川美常设展厅（11号厅）
26. 川美常设展厅（12号厅）
27. 校史陈列馆

■ 三层平面图

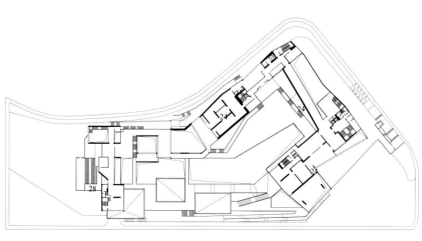

24. 罗中立美术馆（7号厅）
28. 藏品馆

■ 四层平面图

项目使用情况

■ 美术馆室内

　　2015 年建成开馆的四川美术学院美术馆、罗中立美术馆、收租院陈列馆，馆内有 1.2 万 m² 的展示空间，划分为 12 个展厅，分别用于馆藏作品的长期陈列和临时性展览。依托四川美术学院 8 000 多名专业师生、重庆市大学城 17 所高校 30 余万青年学子、重庆 3 200 万人口，以及辐射中国西南的背景，美术馆不仅是联动当代艺术现场的重要学术平台，更以其学术的前瞻性与国际化视野的专业影响力，成为重庆、中国西南的文化高地。

陕西师范大学教育博物馆

EDUCATION MUSEUM OF SHAANXI NORMAL UNIVERSITY

中国建筑西北设计研究院有限公司

项目简介

　　教育博物馆位于陕西师范大学长安校区主入口草坪的西侧，建设场地西面是多功能综合馆，南面是4号教学楼。教育博物馆总建筑面积20 583m²，建筑地上3层，总高度25m。由教育馆、历史文化馆、书画艺术馆、妇女文化馆和校史馆组成，各馆共同围合出幽静的景观庭院，为大型博物馆。

　　教育博物馆尊重"陕西师范大学长安校区总体规划"的布局要求，与校园现有的标志性建筑——图书馆的建筑风格协调；与已建成和未建成的建筑共同形成校园前区建筑氛围，建筑风格协调统一兼具中国传统韵味和鲜明时代特征。

　　教育博物馆环境与建筑共同具有观赏性。一方面建筑作为校园前区的空间限定介质和入口广场的背景，要求建筑自身具有标志性和观赏性；另一方面，建筑自身围合出具有观赏性的景观庭院。景观、绿化设计与建筑整体风格协调，努力营造兼具中国传统韵味和鲜明时代特征的庭院空间。

项目概况

项目名称：陕西师范大学教育博物馆
建设地点：陕西师范大学长安校区
设计/建成：2012年/2016年
建筑面积：20 583m²
建筑层数：地上3层
容积率：1.09
绿化率：38%
项目投资方：陕西师范大学
设计单位：中国建筑西北设计研究院有限公司
主创设计师：张锦秋、徐嵘
主体结构：钢筋混凝土框架结构

■鸟瞰图

■ 整体风貌

■ 区位图

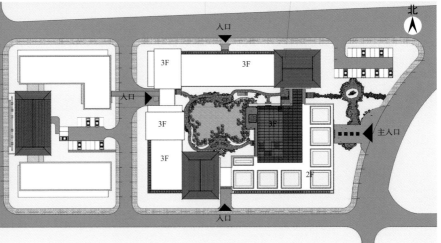

■ 总平面图

项目亮点

建筑风格

　　陕西师范大学地处十三朝古都西安，悠久的历史和浑厚的文化积淀，潜移默化、深深地影响着生活在这方土地上的人们，也自然而然地反映在建筑的形式上。

　　建筑外表材料为混凝土挂板，经过加工做出大面积的质感强烈的岩石效果。建筑体量大开大合，仿佛从西岳华山巨大的岩石中雕琢而出。外墙立面零星点缀几处水平条窗，仿佛岩石的裂隙。从陕西师范大学的标志上提取的篆体"师"字，好似岩石上的摩崖石刻点缀其上。岩石之上，建筑的至高点上，做中国传统建筑歇山

式的屋顶，造型轻灵隽永，采用深灰色的金属作为饰面，从色彩上与岩石基座形成对比。至高点上中国传统建筑歇山式的屋顶从体量上统领整个教育馆和科研楼建筑群体，使之带有鲜明的传统建筑风格，校园建筑风格也表现出悠久的历史文脉和浑厚的文化积淀。教育博物馆具有雕塑感的建筑体型、岩石的质感与建筑内外的葱郁的竹林相映成趣，"有崇山峻岭茂林修竹，又有清流激湍"，营造出具有中国山水画意境的环境氛围，表现出博物馆建筑文化内涵深厚、艺术气质鲜明的建筑特征。在这里，传统与现代和谐共生，相辅相成。

■ 屋顶绿植

■ 周边环境

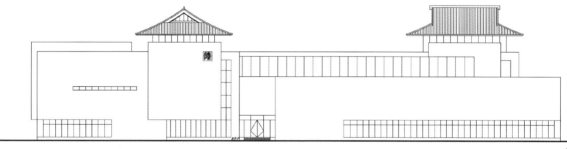
■ 立面图

■ 博物馆主入口

空间布置

教育博物馆建筑整体由教育馆、历史文化馆、书画艺术馆、妇女文化馆和自然科学馆组成。各馆共同围合出幽静的景观庭院。

博物馆一层分为博物馆区、行政办公区、科研办公区和藏品库房区。博物馆位于东侧，主要为博物馆主入口、序言大厅、多媒体影视厅、贵宾接待室、讲解员和小件寄存室等用房。建筑的南面部分东面靠近博物馆区布置行政办公用房，建筑南面部分西面是科研办公用房。藏品库房区设在建筑一层的北面，并结合库房设置了暂存库、登记编号、档案管理、消毒化验、摄影修补等工作用房。

参观主入口位于建筑的正东，面向新校区主入口广场。另外博物馆分设办公科研出入口和藏品库房出入口。办公科研出入口位于建筑正南面，藏品库房出入口位于博物馆建筑的西面。不同功能区入口的独立设置，为博物馆以后的运行管理创造了条件。

二、三层为各馆的陈列室，各馆相对独立，平面划分明确。教育馆设在二层紧邻序厅的位置，面向序厅设外廊，由此可通向第二、第三陈列室，这样设计使参观流线灵活，可从序厅直接到达各馆陈列厅参观，也可以按固定展线依次参观各馆。

二层、三层的陈列室与陈列室之间，设带卫生间的休息厅，各处休息厅均在面向内庭院的方向开有落地大窗，参观者可以在此从各个角度观赏内庭院之茂林修竹、清流激湍，有效缓解游览博物馆的疲劳。

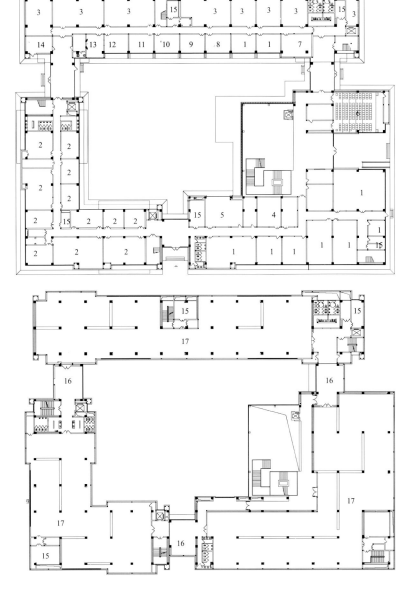

1. 办公室	9. 修补室
2. 研究室	10. 消毒室
3. 库房	11. 档案室
4. 会议室	12. 编号室
5. 接待室	13. 值班室
6. 报告厅	14. 控制室
7. 贮藏室	15. 设备间
8. 摄影室	

■ 一层平面

15. 设备间
16. 休息厅
17. 陈列室

■ 二层平面

■ 中庭景观

景观环境

在固定参观展线的末尾，即教育馆的屋面部分，设置屋顶花园式的休息空间，此空间为博物参观与工作者提供了一个独具特色的交流空间，此空间与序厅在空间上连成一个整体，丰富了序厅的室内空间层次。

二层、三层的陈列室与陈列室之间，设带卫生间的休息厅，各处休息厅均在面向内庭院的方向开有落地大窗，参观者可以在此从各个角度观赏内庭院之茂林修竹、清流激湍，有效缓解游览博物馆的疲劳。

玻璃幕墙外表面向内庭院一侧，设自动冲洗设备，设备开启运行时，一方面可以随时清洗玻璃幕墙表面灰尘，另一方面可以在炎热的夏季快速有效降低序厅室内温度。从序厅透过水帘看内庭院竹林溪水，别有一番情趣。

内庭院的景观水池与建筑屋面的排水系统连接，形成雨水收集系统，可以为玻璃幕墙自动冲洗设备和建筑周围绿化提供用水，有利于节约水资源。

■ 中庭水池

■ 屋顶绿化

■ 序厅幕墙

技术运用

　　建筑的外围护结构保温隔热系统由屋顶保温层、外墙保温层和保温窗户组成。所有建筑的外窗与幕墙均采用断桥铝合金中空 Low-E 玻璃，并采用先进的窗框密封技术；建筑外墙为多空砖墙＋封闭空气层内填保温岩棉混凝土挂板幕墙；屋面为钢筋混凝土结构板＋保温板＋钢筋混凝土保护层。使建筑在夏季保持室内凉爽，冬季防止室内热量散失，有效地减少空调耗能，节省运营成本。

　　序厅外表结构为玻璃幕墙，在玻璃幕墙内侧设卷帘式遮阳系统，在玻璃幕墙东面和南面的两个垂直面的顶端，设可开启的窗扇，在玻璃幕墙一层面向内庭院的地方设可开启的门扇。夏季，玻璃幕墙的内侧遮阳系统展开，顶部的窗扇和底部的门扇打开，利用"烟囱效应"形成自然气流，有效地降低室内温度。冬季内侧遮阳系统收起，窗扇和门扇关闭，阳光照进序厅，利用"温室效应"有效地提升室内温度。

■ 序厅室内

■ 教育馆

■ 妇女馆节点

■ 历史文化馆

■ 妇女文化馆

项目使用情况

博物馆自 2017 年开馆以来，截至 2018 年 12 月藏有各类文物 8 000 余件，分批次展示各类文物 4 000 余件，成功组织开展各类文物文化展览、公共文化教育活动 100 余场，接待观众 30 余万人次。

西安交通大学西迁博物馆

WESTWARD RELOCATION MUSEUM OF XI'AN JIAOTONG UNIVERSITY

陕西建工集团公司建筑设计院

项目简介

　　西安交通大学（Xi'an Jiaotong University）是国家教育部直属重点大学，为我国最早兴办的高等学府之一，其前身是 1896 年创建于上海的南洋公学，1921 年改称交通大学，1956 年国务院决定交通大学内迁西安，1959 年定名为西安交通大学。

　　本项目坐落于西安交通大学兴庆校区内，思源活动中心东侧，占地面积约为 940m²，建筑面积约为 3 760m²，共 4 层，采用全钢结构建设。馆内布展面积 2 400m²，由序厅、放映厅、展厅和多功能厅组成。展出照片、图表和实物等共 2 077 件，其中有西迁人及广大师生校友捐赠的实物 390 件。展馆以图文实物和多媒体等展陈形式溯源南洋、致敬西迁、向西而歌，纪念在 63 年前，交通大学主体从上海市西迁至陕西省西安市的历史过程，谱写出当年交大师生响应国家号召，服务国家建设，扎根西部，艰苦创业的壮美篇章，集中体现西迁人波澜壮阔的创业历程和辉煌成就，展示西迁精神激励一代代知识分子奋勇前进的磅礴伟力。

项目概况

项目名称: 西安交通大学西迁博物馆
建设地点: 西安交通大学校内
设计/建成: 2018 年 4 月 /2018 年 12 月
用地面积: 8 801m²
占地面积: 827.95m²
建筑面积: 3 768.85m²
建筑层数: 地上 4 层
绿地率: 36.13%
容积率: 0.43
建设单位: 西安交通大学
捐建单位: 陕西建工集团
结构形式: 钢结构
设计单位: 陕西建工集团有限公司建筑设计院
主创设计师: 韩琳
合作建筑师: 严石、张天悦、杨艺、张澄

■ 主入口实景

■ 东南视角实景

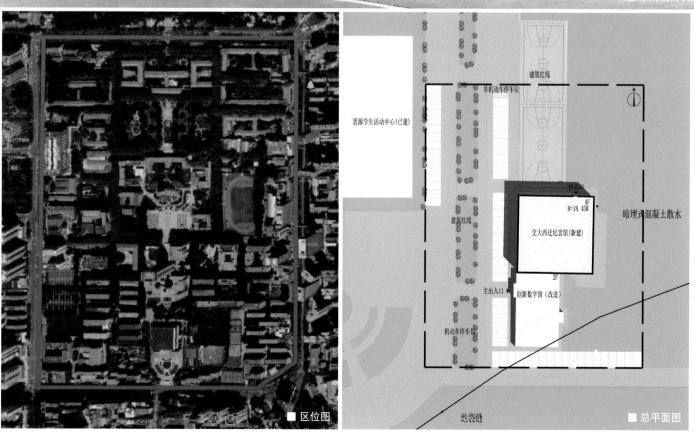

■ 区位图

■ 总平面图

建筑红线

思源学生活动中心(已建)

非机动车停车位

建筑红线

暗埋式混凝土散水

出入口

4F
H=18.45M

交大西迁纪念馆(新建)

2F

主出入口

创新数字馆(改造)

机动车停车位

地裂缝

地裂缝

项目亮点

设计理念

　　方案设计时考虑到基地所处的环境、新老建筑的关系，最终以一种和谐、统一的姿态融入校园。该方案以大面积仿石材幕墙和纯几何元素加强建筑的仪式感，石材的厚重庄严的体量感。与玻璃幕墙的精巧细腻相映成趣，赋予建筑永久和稳定的意象。简洁、有力的线条将新老建筑进行融合，用巨型开裂的体块体现黄土的厚重感，穿插顽强的玻璃幕墙从土中迸发出来，蓬勃向上，体现现代感。立面造型创意是在深度挖掘西迁精神的基础上，通过立面讲述西迁故事。

新旧整合

　　设计中充分考虑到与原有展馆的衔接，新老建筑浑然一体，一气呵成。一层门厅、序厅及放映厅的空间是利用原创新港数字展馆，保留建筑主体及外立面玻璃幕墙，对内部装修进行改造，外立面与新建部分进行整体设计。在新、旧结合部位，外立面采用一个体块的铝板进行横向拉结，形成整个博物馆的门头部分，消除新、旧两部分建筑的割裂感。

■ 新旧建筑结合

■ 立面局部

■ 外墙局部

功能布局

博物馆一层至三层为主题展览空间，四层为临展空间及办公室、会议中心，充分利用空间，最大化各类功能的使用面积。一层序厅为博物馆引领主题的核心空间，整体采用恢弘典雅而不失灵动的设计风格，生动呈现以西迁为中轴的交大百年历史。

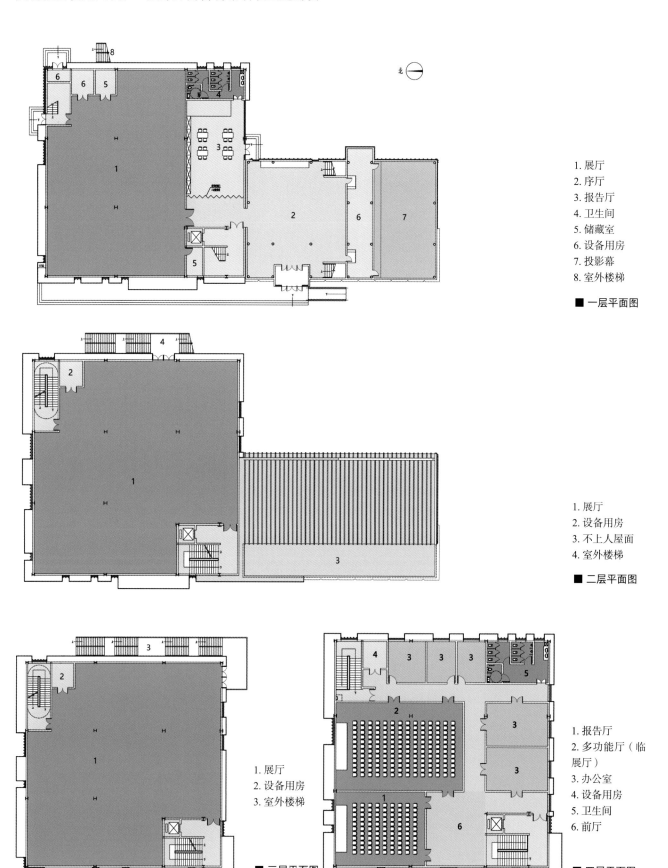

1. 展厅
2. 序厅
3. 报告厅
4. 卫生间
5. 储藏室
6. 设备用房
7. 投影幕
8. 室外楼梯

■ 一层平面图

1. 展厅
2. 设备用房
3. 不上人屋面
4. 室外楼梯

■ 二层平面图

1. 展厅
2. 设备用房
3. 室外楼梯

■ 三层平面图

1. 报告厅
2. 多功能厅（临展厅）
3. 办公室
4. 设备用房
5. 卫生间
6. 前厅

■ 四层平面图

项目使用情况

2017年12月11日，习近平总书记对西安交大西迁老教授来信作出重要指示，向当年交大西迁老同志们表示敬意和祝福，希望西安交大师生传承好西迁精神，为西部发展、国家建设奉献智慧和力量，并在2018年新年贺词中再次提到西迁老教授。2018年12月11日，在总书记重要指示一周年之际，交大西迁博物馆揭牌，馆内举办"弘扬爱国奋斗精神 建功立业新时代"西迁精神大型图片实物展，同时向社会开放，该博物馆将成为新时代传承和发扬爱国主义精神的重要基地。

■ 展厅

■ 展厅

■ 展厅

■ 序厅

西安交通大学科技创新港工程博物馆

ENGINEERING MUSEUM OF XI'AN JIAOTONG UNIVERSITY

杭州中联筑境建筑设计有限公司

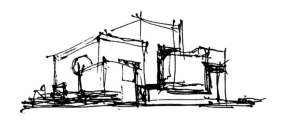

项目简介

　　西安交通大学是国家教育部直属重点大学，为我国最早兴办的高等学府之一，交大科技创新港是陕西省和西安交通大学落实"一带一路"、创新驱动及西部大开发三大国家战略的重要平台，由西安交通大学与西咸新区联合建设，选址于西咸新区沣西新城。本工程博物馆坐落于创新港中轴思源大道的西侧，总建筑面积 16 886m²，地上 4 层，地下 1 层。主要设有各类型展厅（大型设备展厅、专业展厅、校史馆、室外展场等）、多媒体展示中心、文化艺术馆等，是工程研发成果对外沟通交流展示的重要平台。

项目概况

项目名称：西安交通大学科技创新港工程博物馆

建设地点：陕西省西咸新区西安交通大学科技创
　　　　　新港科创基地

设计 / 建成：2017 年 /2019 年

建筑面积：16 886m²
　　　　　地上 12 085m²，地下 4 801m²

建筑层数：地上主体 4 层，地下 1 层

建筑高度：23.95m

容积率：0.78

绿地率：40%

建设单位：西安交通大学

设计单位：杭州中联筑境建筑设计有限公司

主创设计师：程泰宁

结构类型：框架结构

■ 东北向透视图

■ 东北向鸟瞰图

■ 区位图

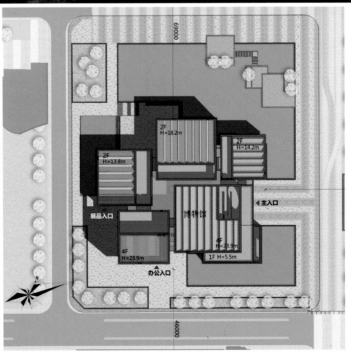

■ 总平面图

项目亮点

设计理念

设计的创意来自于中国四大发明之活字印刷，利用简洁纯粹的方形体量组合形成错落有致的形体关系，如同活字印刷的模块，又像是老交大四大发明广场上的雕塑，联系了新老校区的时空记忆。

各个功能体块之间形成的高耸狭缝空间作为一种特殊的公共空间存在，增加了空间的趣味性和神秘感。现代有力同时充满机械感的造型也更符合西安交大作为著名工程院校的国际形象。

 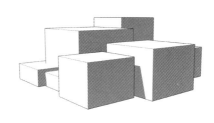 

■ 设计理念

建筑表达

方案采用现代有力同时充满机械感的造型，将不同的功能体块组合在一起，形成了丰富的形体关系和丰富的内部空间。在立面上做一些方圆洞口的处理，营造出了第二层次的室外灰空间。工程博物馆以仿锈铝板为主要外墙材料，突出表现建筑的工业感和粗犷质感，锈红色的铝板的运用也更加符合工程楼的建筑性质。

建筑形体错落有致，内部形成高耸的狭缝空间和中庭空间，通过狭缝间穿梭的连廊将整个功能空间完整地串联起来。光线透过狭缝间的采光顶照射进来，形成了流动的光影变化。内饰面采用清水混凝土和仿锈铝板相结合，既反映了建筑本身的结构感，同时也将外立面的材料延续到了室内，达到了室内外空间材质的统一效果，也体现了工程建筑本身最纯粹的美感。

■ 休息厅效果图

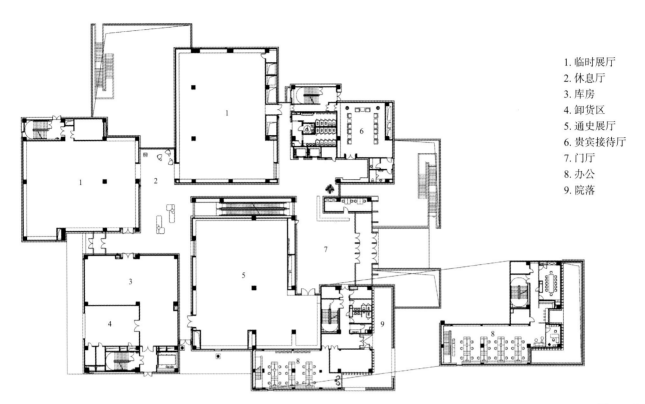

1. 临时展厅
2. 休息厅
3. 库房
4. 卸货区
5. 通史展厅
6. 贵宾接待厅
7. 门厅
8. 办公
9. 院落

■ 一层平面图

2. 休息厅
10. 专题展厅
11 校史馆
12. 休息厅上空
13. 多功能厅
14. 空调机房

■ 二层平面图

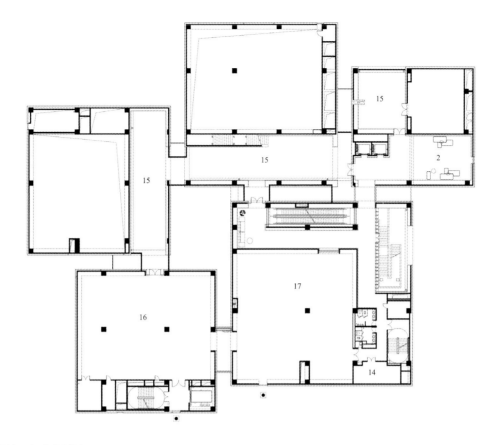

2. 休息厅
14. 空调机房
15. 屋面
16. 文化艺术展厅
17. 科技成果展厅

■ 三层平面图

项目进展与未来展望

西安交通大学博物馆（创新港校区）的建设将按照"高起点、高水平、特色强"的指导思想，传承学校优秀文化，建设先进文化，为学校"双一流"建设作出贡献。

项目将于 2019 年 9 月正式投入使用。

建成后将充分展示学校发展历史和科研成就，弘扬学校优秀文化，向观众呈现交通大学乃至中国高等工程教育的历史沿革和变迁。同时建立国际交流会议厅、国际交流展厅，以开放、互动的文化环境助力推动国内外大学之间校际交流、文化沟通，将是陕西首个清水博物馆，推动了清水建筑在建筑界的发展，为同类型建筑作出优秀的范例。

■ 休息厅效果图

陕西中医药博物馆

ARCHITECTURAL DESIGN OF SHAANXI MUSEUM OF TRADITIONAL CHINESE MEDICINE

中国建筑西北设计研究院有限公司

项目简介

陕西中医药大学坐落于陕西咸阳，是陕西省唯一一所专门培养高级中医药人才的高等院校，是 1978 年中共中央确定的全国 8 所重点建设的中医院校之一。

为深化医药卫生体制改革，发挥中医药的重要作用，加快发展中医药事业，各级政府要把中医药文化作为文化建设的重要内容统筹规划，建立健全中医药文化发展平台，打造陕西省特色鲜明的中医药文化品牌。在陕西中医药大学医史馆基础上建设陕西中医药博物馆，加强基础建设，丰富传统文化内涵，增强宣传教育功能，加大医史研究力度，使其成为陕西中医药文化的标志性品牌。

陕西中医药博物馆主要包括展馆、体验区、中医药文化推广中心、教学区、库房、管理办公、车库等，建设地点位于陕西中医药大学南校区东南角，场地东、南两侧紧邻城市道路，分别与沣河、西宝高速相邻，西、北两面为校区内道路，其中西面紧邻学生宿舍楼，北面为运动场地和校园绿地，博物馆继承并发展了校园原有的建筑形象，赋予校园独特的文化、艺术气质，在建设规模、硬件设施、设计标准、馆藏特色、社会影响力等方面，都达到国际一流水准，建成后将成为陕西中医药大学一张崭新的名片。

项目概况

项目名称：陕西中医药博物馆

建设地点：陕西中医药大学南校区东南角

设计：2017 年

用地面积：33 480m²

建筑面积：43 727.2m²
地上 30 825.2m²，地下 12 902m²

建筑层数：地上 3 层，地下 1 层

项目投资方：陕西中医药大学

设计单位：中国建筑西北设计研究院有限公司
李敏工作室

主创建筑师：李敏、郭高亮

合作建筑师：雷霖、王艳俊、胡哲辉、于曦、
梁少竟、侯晓宇

结构形式：框架 + 剪力墙

■ 主入口透视效果图

■ 鸟瞰图

校园用地范围

site

■ 区位图

校内主要人流入口

23.0 5.0 138.5 18.8

地下车库入口

9.3 7.8

药膳区入口

106.1

校外主要人流入口

体育健身区入口

11.0

地下车库入口

■ 总平面图

■ 透视效果图

项目亮点

"三个提倡"

提倡非城市性：即弱化建筑界面，避免强硬的立面形象和生硬的城市化印象，以自然大地作为建筑背景，利用场地高差，与周围环境相融合，展现最为贴切的建筑形式。

提倡被动式节能：顺应自然的规律和气场，如组织穿堂风通风降温，利用自然绿化隔热保温，采用瓦片遮阳的外墙构造，利用太阳能等绿色建筑节能理念。

提倡内外结合：形式与内容相一致，促成最大限度建筑本体内在空间与自然外在环境的视觉交流与信息传递。

综上，同气相求，顺势而为。以师法自然，产生建筑灵感；模仿自然，构成建筑；展现自然，显示人、建筑、大自然和谐统一，不是征服与被征服，是本设计的一个重要理念。

设计理念

天人合一，师法自然

天人合一的哲学思想体系，构建了中华传统文化的主体，也是中国医学的理论体系基础。《内经》中说，"同气相求，同类相应。顺则为利，逆则为害"，并反复强调人"与天地相应，与四时相副，人参天地"。其医学内涵主要是将生命过程及其运动方式与自然规律进行类比，以自然法则为基质，以人事法则为归宿。

中医药文化

"一阴一阳之谓道"，"静以养神，动以养形，动静适宜"，生命体的动静统一观，是中医的基本理论。设计以展品、植物、人、流水、四季等为动静因子，在空间与时间中的流动，展现了动静互涵的美丽画面。

秦汉文化

秦汉时期，是中国古代文化大发展的时期，也是中医药文化的大发展时期，陕西作为其发祥地，更是秦汉文化的直接见证。作为这一地方的展览建筑，设计以秦汉时期的高台建筑、青铜器等形式完美展现了博物馆这一最大展品。

秦岭山水

秦岭被尊为华夏文明的龙脉，"秦地无闲草"，秦岭具有得天独厚的生物资源，而且独具特色。设计以本土植被、地方材料等充分回应了陕西地域自然景观，通过对建筑形态的精心择定，再现大地自然生机益然的生命活力。

■ 沿河效果图

功能布局

一层为半地下空间，通过二层中庭垂直交通或入口下沉庭院到达。采用中式庭院布局，主要布置陕甘宁红色医药馆、孙思邈专题馆、国医大师馆、科技产业馆、教学区、中医药膳养疗区、中医体育健身区。

二层以陕西医史博物馆、陕西名医馆、校史馆三大主题场馆为主，以"L"形通廊形成空间变化多样的开放流线。

三层主要布置中药标本馆、国际交流合作馆、中医药文化推广中心，以中庭和连廊组织联系。

1. 陕甘宁边区红色医药专题馆
2. 孙思邈专题馆
3. 国医大师
4. 实物标本展示教学
5. 资料室
6. 示教区
7. 科技产业馆
8. 研讨室
9. 中医药膳疗养区
10. 储存室
11. 教室
12. 办公室
13. 会议室
14. 中医体育健身
15. 展具室
16. 消防控制中心
17. 更衣室
18. 室外展廊
19. 陕西医史博物馆
20. 陕西名医馆
21. 校史馆
22. 中医诊疗区
23. 网络中心
24. 监控中心
25. 贵宾室
26. 大学生志愿者休息室
27. 讲解
28. 饮品店
29. 休息室
30. 毫针诊疗区
31. 灸法诊疗区
32. 穴位注射诊疗区
33. 耳穴诊疗区
34. 拔罐诊疗区
35. 推拿诊疗区
36. 刮痧诊疗区

■ 一层平面图

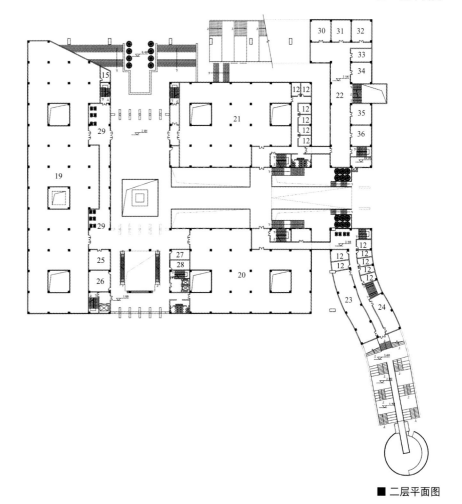

■ 二层平面图

生态景观

景观衬托建筑的同时结合中医药博物馆的主题成为展示主题和市民参与的重要部分，设计综合运用植被坡道、台阶、跌水、观景平台等与建筑形成了有机的整体，利用山水植被及海绵城市设计理念，既体现中医药文化的博大精深，又反映人与自然、科技与文化的交融。由此达到一个高品位，生态和谐，具有深厚文化底蕴和鲜明特点的环境。

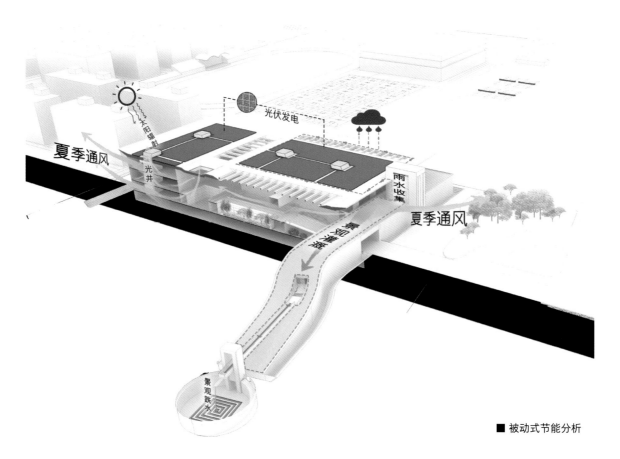

■ 屋面百草园

被动式节能分析

通风系统

考虑常年主导风向，在室内外空间的结合和过渡处设置电动窗户以及可旋转开启的隔墙等，来引导和组织建筑内部穿堂风。同时在室内，结合展厅布置通高的内天井和中庭空间，在过度季节开启天窗，产生拔风和通风降温的作用。

雨水收集灌溉系统

屋面设计雨水收集系统，作为博物馆院落景观和百草园中草药的灌溉用水，流觞曲水，曲径通幽，落水庭院，观景平台，使博物馆处处有潺潺水声，处处有可观之景。

太阳光利用

采用 U 形玻璃对散布于各展厅内的光井进行滤光处理，形成柔和的间接采光。设计利用平整的屋面，设置太阳能板，用于热水系统和光伏发电系统，并在屋架下布置夹层空间，以便为技术的发展预留安装位置，有效节约了人工采光。

■ 被动式节能分析

项目进展与未来展望

随着中医观念不断地深入人心，中医药文化也越来越受到人们的关注，建造一座高品质的中医博物馆成为人们精神上迫切的需求。

陕西中医药博物馆是一座专属于中医药文化的博物馆，融合现代与传统、中医药文化与地域性的博物馆。除了满足其基本的功能需求外，我们在建筑室内外均设置封闭、半封闭以及开敞的公共学习、交流空间，普及中医药文化知识。

建筑室外及屋顶有大面积的百草园，可让参观人员近距离接触中草药，理性学习与感性接触，进而对中医药文化有一个全面的认识。

该博物馆于 2019 年 7 月开始动工，预计 2022 年对外开放，建成后将成为陕西中医药大学及陕西省中医药文化交流与展示的重要载体。

■ 光影长廊

■ 展厅效果

■ 引桥效果图

后 记
POSTSCRIPT

随着改革开放的不断深入，科教兴国战略的实施，我国教育事业蓬勃发展，校园面貌也焕然一新，拥有了大量高品质校园建筑，校园已成为文化传承、价值熏陶、研究创新、人才培养的重要基地。

走进新时代，担当新使命，我们呼吁学校管理者、校园建设者、设计师们在校园的规划建设中，扎根中国大地，传承创新优秀文化，紧紧围绕学校发展定位、事业发展规划、人才培养和办学需求，树立与先进办学理念有机融合的科学规划建设理念，注重多规合一，采用最新绿色规划建设标准，积极运用建筑信息模型、人工智能、装配式、再生循环材料等新技术、新工艺、新材料，创造出以绿色校园为基础，以美的教育为灵魂，以环境育人为功用，充分体现低碳节能、安全洁净、宜学宜教、绿化美化等特点的新校园，为教育事业持续健康发展提供办学条件保障，推动学校形态的深刻变革，加快一流大学和一流学科建设，实现教育内涵式发展。

为响应党的十九大报告关于创建绿色学校的号召，积极推进绿色校园的建设与发展，打造中国特色世界一流大学，教育部学校规划建设发展中心组织有关单位，对高校博物馆进行专题研究，精心遴选优秀建筑案例，内容涵盖了项目的基本概况、设计理念、功能特色、新技术运用、运营维护及获得的经济、社会、环境效益等方面，同时配有建筑设计图、实景照片等可视化信息，力求提升图集的示范价值和实际效用，希望能给予教育工作者一定的启迪，能为学校建设提供有益借鉴，引领新时代高校博物馆建设的新方向。

单霁翔先生为本图集作序，各高校建设者、中国绿色校园设计联盟及有关设计院、设计师为图集提供了翔实和丰富的资料，教育部学校规划建设发展中心何奇同志全程参与了图集的征稿、校对、联络等工作，谨在此表示衷心感谢！

教育部学校规划建设发展中心